ライブラリ情報学コア・テキスト＝5

計算機システム概論
―基礎から学ぶコンピュータの原理とOSの構造―

大堀 淳 著

サイエンス社

「ライブラリ情報学コア・テキスト」によせて

　コンピュータの発達は，テクノロジ全般を根底から変え，社会を変え，人間の思考や行動までをも変えようとしている．これらの大きな変革を推し進めてきたものが，情報技術であり，新しく生み出され流通する膨大な情報である．変革を推し進めてきた情報技術や流通する情報それ自体も，常に変貌を遂げながら進展してきた．このように大きな変革が進む時代にあって，情報系の教科書では，情報学の核となる息の長い概念や原理は何かについて，常に検討を加えることが求められる．このような視点から，このたび，これからの情報化社会を生きていく上で大きな力となるような素養を培い，新しい情報化社会を支える人材を広く育成する教科書のライブラリを企画することとした．

　このライブラリでは，現在第一線で活躍している研究者が，コアとなる題材を厳選し，学ぶ側の立場にたって執筆している．特に，必ずしも標準的なシラバスが確定していない最新の分野については，こうあるべきという内容を世に問うつもりで執筆している．

　全巻を通して，「学びやすく，しかも，教えやすい」教科書となるように努めた．特に，分かりやすい教科書となるように以下のようなことに注意して執筆している．

- テーマを厳選し，メリハリをつけた構成にする．
- なぜそれが重要か，なぜそれがいえるかについて，議論の本筋を省略しないで説明する．
- 可能な限り，図や例題を多く用い，教室で講義を進めるように議論を展開し，初めての読者にも感覚的に捉えてもらえるように努める．

　現代の情報系分野をカバーするこのライブラリで情報化社会を生きる力をつけていただきたい．

2007 年 11 月

編者　丸岡　章

まえがき

　計算機システムは，ディジタルコンピュータとコンピュータの動作を記述するソフトウェアからなるシステムである．その基本原理は，問題解決に必要な情報を記号列で表現し，その記号列をプログラムによって解釈し変換するというものである．この原理は，人間が有限のシンボルから構成された言葉を使って行う知的活動に対比しうる一般性を持つものである．この原理に基づいて設計された計算機システムは，特定の問題を解くアナログ機械と異なり，原理的には，処理手順が記述可能な任意の問題を解くことができる汎用の問題解決システムである．今日の情報化社会は，この原理に基づき開発された多数の計算機システムによって支えられている．

　ハードウェアとしてのディジタルコンピュータの動作原理とその構造は，概念的にはごく単純なものである．汎用の問題解決システムとしての計算機システムの力は，情報を解釈し変換するソフトウェアによって実現されている．ソフトウェアが対象とする問題は多岐にわたるが，その中でも，低レベルで使いにくいディジタルコンピュータ上に，高性能で使いやすい計算機システムを実現するという問題は，計算機システムの研究開発の歴史の初期の頃から研究されてきた重要なものである．この問題を解決するソフトウェアが，基本ソフトウェアと呼ばれるものである．広い意味の基本ソフトウェアは，計算機システムを動かすためのプログラムである OS やネットワークシステムなどが含まれる．今日の情報処理システムは，この基本ソフトウェアによって実現された高機能で使いやすい計算機システム上で動作する種々の問題解決ソフトウェアによって成り立っている．

　本書の目的は，ディジタルコンピュータの構造と動作原理を理解し，ディジタルコンピュータ上の最初の大規模なソフトウェアである OS やネットワークシステムを構成する基本概念を学ぶことである．大部分の読者は，計算機システムそのものの研究や開発に関わることはないであろう．しかしながら，ディジタルコンピュータの動作原理を理解し計算機システムを実現している基本ソフト

ウェアの諸概念を学ぶことは，ソフトウェアの開発や研究にたずさわる者すべてにとって重要と考える．計算機システムの研究開発の過程は，それ自身，計算機システムによる複雑な問題解決の典型的な例である．ディジタルコンピュータの動作原理と基本ソフトウェアの基本概念の学習を通じて，その研究開発の過程を追体験することは，計算機システムを用いた新たな問題解決のためのアイデアの創出や実装技術の構築の土台となると期待される．

この目的を念頭に，まず第 1 章でチューリングに遡るディジタルコンピュータによる情報処理の原理を学ぶ．第 2 章では，今日の計算機システムを構成する近代的なハードウェアの構造とソフトウェアの役割を学ぶ．それに続く四つの章で，計算機システムの主要な資源である計算機能 (CPU)，メモリ，入出力装置，およびファイルのそれぞれについて，それらを容易にかつ効率よく利用するために産み出された OS の諸概念を学ぶ．最後の第 7 章では，実際に計算機システムを実現するプログラムの記述システムの構造を概観した後，現代の情報処理システムにとって不可欠なネットワークシステムの構造と構成原理の概要を学ぶ．

本書では，論理回路やプログラムに関する基本的な理解以外の特別な知識を仮定しない．大学初年度レベルの数学的な素養を持つ者が，「コンピュータはどのように構成され，どうして動くのか」を，学術的な厳密さを持って理解できることを目標に本書を執筆した．この目標を念頭に，本書を，現在の計算機システムに現れる概念の網羅的な説明ではなく，複雑な計算機システムを，少数の基本原理から出発し，種々の概念を系統的に積み重ね構築していく過程として構成した．第 1 章から第 7 章までを，この順に，一気に読み通せば，現代の情報社会を支える計算機システムの原理とその構成構造が理解できるはずである．

本書を通じて，読者がディジタルコンピュータを用いた情報処理システムに興味を持ち，この分野のより深い学習や研究を始めるきっかけとなれば，著者の望外の喜びである．

平成 22 年 1 月

大堀 淳

目　　次

第1章　計算機システムの動作原理 — 1

- **1.1**　「計算」の構造 2
- **1.2**　シンボルを用いた情報の表現 7
  - **1.2.1**　基本的な情報のコード化 7
  - **1.2.2**　やや複雑な情報表現の例 11
  - **1.2.3**　コードの解釈 13
  - **1.2.4**　メモリ領域とポインタの利用 14
- **1.3**　ディジタルコンピュータの構成原理 16
  - **1.3.1**　状態を持つ機械の実現 18
- **1.4**　コンピュータアーキテクチャの実現 22
- **1.5**　フォンノイマン機械のプログラミング 25
- **1.6**　コンピュータによる問題解決 28

第2章　OSの役割と構造 — 33

- **2.1**　OSの役割 34
- **2.2**　OSの管理する資源 35
- **2.3**　割り込み主導アーキテクチャ 37
- **2.4**　割り込みの種類とOSの構造 43
- **2.5**　例外処理とシステムサービス 46

第3章　プロセッサの管理 — 51

- **3.1**　プロセッサ管理の目的 52
- **3.2**　プロセスの考え方 54
- **3.3**　プロセスの実現方法 56

3.4	プロセスコンテキストスイッチ	59
3.5	プロセスの状態遷移	62
3.6	プロセススケジューリング	65
	3.6.1　タイムスライスとプリエンプション	66
	3.6.2　待ち行列と実行優先度	67
3.7	スレッドを用いたプログラミング	72
3.8	スレッド間のデータの共有と危険領域	76
3.9	錠（ロック）による排他制御	82
3.10	セマフォによる排他制御	86
3.11	セマフォの実現方法	91
3.12	デッドロックの問題	92
3.13	モニタによる排他制御	94

第4章　メモリの管理 ——————————————— 99

4.1	メモリ管理の目的	100
4.2	システム内のメモリの用途	102
4.3	物理アドレスの仮想化	103
4.4	プロセスメモリ空間の実現	108
4.5	仮想記憶システムの構造	114
	4.5.1　仮想記憶システムの考え方	114
	4.5.2　デマンドページング方式	115
	4.5.3　ページングのためのデータ構造	116
	4.5.4　デマンドページングの処理の流れ	120
4.6	ページフレームの確保戦略	121
4.7	スラッシング問題	123
4.8	ワーキングセットモデル	125
4.9	スワッピングによるシステム負荷の調節	128

第 5 章　入出力管理 — 135

- 5.1　入出力管理の目的と構造 ……………………………… 136
- 5.2　デバイスコントローラとデバイスドライバ …………… 138
- 5.3　入出力処理装置のプログラミング ……………………… 142
- 5.4　共通入出力処理 …………………………………………… 143
- 5.5　入出力装置の例：ディスク装置 ………………………… 145
  - 5.5.1　ディスク装置の構造 …………………………… 145
  - 5.5.2　ディスクコントローラ ………………………… 146
  - 5.5.3　より高度なディスクの実現 …………………… 149

第 6 章　ファイルシステム — 153

- 6.1　ファイルシステムの目的 ………………………………… 154
- 6.2　ディスク領域の管理 ……………………………………… 155
- 6.3　未使用領域の管理 ………………………………………… 158
- 6.4　ファイル領域の管理 ……………………………………… 161
- 6.5　ディレクトリの構造 ……………………………………… 162
- 6.6　ファイルとディレクトリの操作 ………………………… 166
- 6.7　ファイルの属性とアクセス制御 ………………………… 167

第 7 章　情報処理システムの実現 — 171

- 7.1　プログラミングシステム ………………………………… 172
  - 7.1.1　仮想機械とプログラミング言語の対応 ……… 172
  - 7.1.2　高水準プログラミング言語の実現 …………… 174
- 7.2　ネットワークシステム …………………………………… 178
  - 7.2.1　データ通信機能の実現 ………………………… 179
  - 7.2.2　高機能なネットワークの実現 ………………… 183
- 7.3　おわりに ………………………………………………… 186

参考文献 — 188

索　引 — 190

第1章

計算機システムの動作原理

　計算機システムとは，ディジタルコンピュータを利用した情報処理機械である．この機械は，設計時に決定された動作のみを行うアナログ機械と異なり，適当なソフトウェアを用意することによって，およそ人間が解くことができるすべての問題を解決できる汎用の問題解決システムである．本章では，計算機システムによる問題解決の原理と，計算機システムの構造を学ぶ．

1.1 「計算」の構造

計算機システムにおける「**計算**」とは，四則演算のような具体的な演算のことではなく，それらを含む人間が行う知的な問題解決のことであり，「**計算機**」とは，人間と同様に知的な問題解決を行う能力を持つ機械のことである．計算機システムは，そのような計算機を中心に，種々のデータや知識などを保持する記憶装置および外界とのインタフェースを実現する種々入出力装置や共同で問題解決を行うためのネットワークなどを装備した，汎用の問題解決システムである．厳密に定義され，解決手順を書き下せる問題なら，計算機システムによって解決することができる．

計算機システムのこのような定義は，やや大げさな比喩と思われるかもしれない．しかし決してそうではなく，厳密な原理に基づく主張である．この主張とその基礎をなす原理の理解が，計算機システムを理解する上での重要な鍵となる．そこで，その第一歩として，具体的な演算を例に，我々が行う計算の性質を分析してみよう．

我々は，いかなる大きな数であろうと，以下のような方法によって，与えられた二つの自然数の和を計算することができる．

(1) 与えられた二つの数を，升目に区切った紙に，1 の位を揃え横 2 列に書き移す．
(2) 下位の桁から順に以下の手順を繰り返す．
　(a) 桁上がりがなく，どちらの数の桁も存在しなければ終了する．
　(b) 2 数のその桁の数字と桁上がりを足し，その 1 の位をその桁の数字，10 の位を次の桁の繰上がりとして書き留める．

例えば，$12345 + 67890 = 80235$ の計算は，以下のように実行される．

	1	1	1	0	–	(桁上がり)
	1	2	3	4	5	(x)
+	6	7	8	9	0	(y)
	8	0	2	3	5	$(x+y)$

1.1 「計算」の構造

ここで使われている 12345 などの数字列は，小学校以来慣れ親しんでいるため数そのものと見なしているが，それ自身は意味のない記号列に過ぎない．この事実を理解すると，数の加算と理解している上記の計算は，数を記号列で表現し，その記号列を紙に記憶し，記憶された記号列（の一部）を読み取り，別な記号列を一時的に作成したりしながら，目的の数を表す記号列を作り出す手続きであることが分かる．このプロセスで達成される数の加算という操作は，抽象的な知的なものであるが，この一連の操作を構成する個々の処理ステップは，記号の書き換えを行う単純で機械的なものである．

この構造は，算術演算に限らず，人間が行う知的な活動に共通するものである．人間の行う知的な活動全般は，広範囲かつ曖昧で厳密には定義できないかもしれない．そこでここでは，その内容を正確に理解し表現でき，さらに，それを，知的能力を有する他のすべての人間と共有できるものに限定することにする．正確に理解し表現し，他の誰とでも共有できるものは，言葉を使って完全に書き下せるものだけである．すると，人間の行う知的活動は，「言葉を使って行う問題解決」と言い換えることができる．

人間が言葉を使って行う知的な問題解決は，以下のような過程と捉えることができる．

- 情報や知識を言葉で表現し，
- それらを文書として記憶し，
- 記憶された文書を読み取り，新たな文を一時的に作りだしたり書き換えたりしながら，目的の情報を表現する文を生成する．

言葉を，日常言語に限らず，数学や科学技術分野で使用される記号や式などを含むと考えると，人間が行っている大部分の問題解決の営みは，このような構造を持つ行為と捉えることができる．そこでもし，このような処理を実現する機械があれば，人間が行う複雑な問題解決を実行する万能な機械が実現できるはずである．

チューリング (A. Turing) は，そのような万能な機械を，記号を用いて計算をする機械を意味する「ディジタルコンピュータ」と呼び，その数学的なモデルとして，今日チューリング機械として知られる単純な仮想的な機械を定義し

た．チューリング機械は，図 1.1 に示すように，記号を一つ記録できる大きさの升に区切られたテープと，そのテープ上の現在着目している升の記号を読み書きするヘッドを持つ機械である．この機械は，有限の状態の集合の中のいずれかの状態にあり，現在のヘッド位置の升に書かれた文字を読み，その文字と現在の状態に応じて決まる以下の動作を実行する．

(1) 現在のヘッド位置の升の記号を別の記号で書き換える．
(2) テープを右または左に一升動かす．
(3) 新しい状態に遷移する．
(4) 新しい状態が終了状態であれば終了する．終了状態でなければ，以上の動作を繰り返す．

特定の問題を解くチューリング機械は，状態の集合 S を定義し，(終了状態以外の) S のそれぞれの状態とヘッドが読み取った記号の組合せに対して，以上の三つの動作の内容，すなわち書き換える新しい記号，テープを動かす方向，および次の状態，を決めることによって実現される．例えば，テープ上にヘッド位置から左方向に書かれた 2 進数に 1 を足す計算は，終了状態 H と動作状態 M の二つの状態を使い，状態 M での動作を以下のように定義することで，実現できる．

- 升に書かれた記号が 0 か空白であれば 1 に，1 であれば 0 に書き換える．
- テープを左に動かす．
- 升に書かれた記号が 0 か空白であれば状態 H に，1 であれば状態 M に遷移する．

この動作は以下のような表で表現される．

入力		機械の動作		
状態	読み取った記号	書き込む記号	テープの移動方向	次の状態
M	0	1	右	H
M	空白	1	右	H
M	1	0	右	M

例えば，1011 に対してこの機械を実行すると次のような動作をする．

1.1 「計算」の構造

実行ステップ	状態	テープ状態
1	M	1 0 1 1 ↑
2	M	1 0 1 0 ↑
3	M	1 0 0 0 ↑
（終了）	H	1 1 0 0 ↑

ここで，テープ状態の下の上矢印はそのときのヘッド位置を表す．

チューリング機械の制御部は，テープの移動や記号の読み書きなどのごく単純な動作を実行するハードウェア機構とともに，これら動作の内容を記述した表を持っている．上の例から理解される通り，この表の要素は記号（シンボル）の列で表現できる．チューリング機械の大きな特徴は，その機械が実現する問題解決機能を，ハードウェアの動作としてではなく，このような記号列が書かれた表，すなわち**プログラム**で実現している点である．チューリング機械は，このプログラムを書き換えることによって，種々の機能を実現する機械となる．これが，ディジタルコンピュータの本質である．

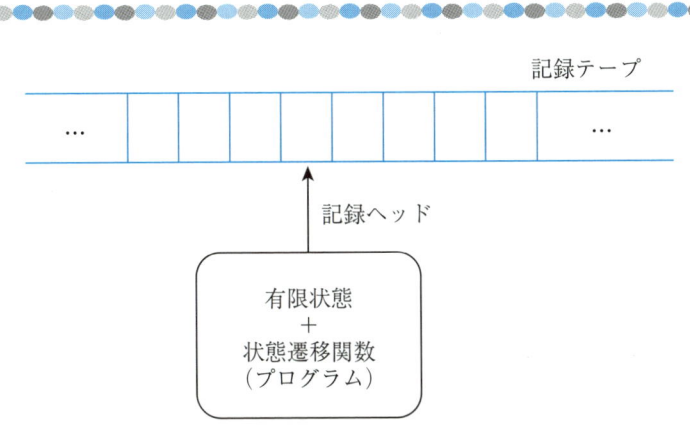

図 1.1　チューリング機械

ディジタルコンピュータによる計算は，その詳細を無視すると，以下のような処理と捉えることができる．

(1) 種々の情報や知識，処理手順などをシンボル列で表現し，
(2) シンボル列を格納する記憶装置を使用し，
(3) 記憶装置上の特定の記号を認識し，
(4) 機械の状態と記憶装置に書かれたたシンボルで決まる規則を適用し，記憶装置上の特定のシンボル列を書き換えることを繰り返し，目的の情報を表す記号列を生成する．

この処理は，上で分析した人間が言葉を使って行う情報処理と同じ構造を持つことが理解できるであろう．この事実は，人間が十分な情報と情報を記録する紙があれば複雑な問題解決を行うことができるのと同様，ディジタルコンピュータも，情報を記号列で表現し，その記号列を処理するプログラムを用意すれば，複雑な問題を解くことができることを示唆している．

実際チューリングは，以下のような性質を確立した．

> 厳密に定義され解決方法を言葉で書き下すことができる問題なら，適当な情報の表現方法を定義し，その情報を処理するプログラムを用意することによって，コンピュータで解くことができる．

これがディジタルコンピュータによる情報処理の原理である．現在の計算機システムは，この原理を基礎に開発され，実際に社会のあらゆる部門で，問題解決システムとして使用されている．

この原理に基づくディジタルコンピュータを実現するためには，

(1) シンボルを用いた情報の表現方法の定義と，
(2) 状態を保持し，シンボルを解釈し状態遷移を行う機械の開発

をする必要がある．そこで，以下の2節でこの2点の原理を概観する．

1.2 シンボルを用いた情報の表現

すべての情報は有限のシンボル集合を用いて表現可能である．情報の表現に使用されるシンボル集合 Σ を，人間が使う言語になぞらえて**アルファベット**と呼ぶ．シンボルを用いた情報の表現は，一般に以下のような性質を持つ．

- アルファベット Σ は，二つ以上の要素を含みさえすれば，どのような有限集合でもよい．
- 表現方法は一通りではなく，一般に無限に存在する．
- 表現の約束を知っている者は，誰でも機械的に情報を取り出すことができる．

情報は，その表現の約束を知らなければ理解不能な記号列である．そこで，シンボルで表現された情報を，もともと「社会の掟」や「法典」「暗号」という意味を持つ**コード** (code) と呼び，情報をシンボルで表現することを**コード化**と呼ぶ．

自然言語では，数百以上，言語によっては数万に及ぶ多数のシンボルを含むアルファベットを使用するが，ディジタルコンピュータでは，ON と OFF（電位の高低，磁場の高低など）で表現できる二つの記号 0, 1 のみからなるアルファベットを用いる．このたった二つのシンボルのみで必要なすべての情報を表現できることを確認するために，$\{0, 1\}$ を用いた代表的なコード化方法をみてみよう．

1.2.1 基本的な情報のコード化

数や文字といった基本的な情報は，以下のようにコード化できる．

(1) 自然数

0 と 1 を二つの数字と見なし，2 進数で表現する．例えば，10 進数の 13 は 1101 と表現される．n 個の $\{0, 1\}$ シンボルを使えば，0 から $2^n - 1$ までの任意の自然数を表現できる．

一般に，シンボルの個数を多く用いればより多くの情報を表現できる．通常，表現したい情報に応じて適当にシンボル列の長さ n を固定し，n 桁

の $\{0,1\}$ 列を単位として扱う．$\{0,1\}$ の n 桁データを n ビット (bit) データと呼ぶ．

(2) 文字

文字に通し番号をつけ，その番号を自然数としてコード化すればよい．例えば，$A, B, C, \ldots, X, Y, Z$ の 26 文字を表現したい場合は，それぞれの文字に $1, 2, 3, \ldots, 24, 25, 26$ の番号を割り当て，この番号を 2 進数で表現すればよい．26 までの数は 5 ビットで表現できるので，文字は以下のような 5 ビットデータにコード化できる．

文字	コード
A	00001
B	00010
C	00011
⋮	⋮
X	11000
Y	11001
Z	11010

今日のコンピュータシステムで用いられる文字は，英語などで使われるラテン文字を基本としている．この文字集合は，英文の活字やタイプライタで用いられていた文字集合に相当する．この文字には，標準化団体によって **ASCII** (American Standard Code for Information Interchange) と呼ばれる 7 ビットコードが定義されている．図 1.2 にその一部を示す．例えば，大文字の A は上位 3 ビットが 100 かつ下位 4 ビットが 0001 であるから 1000001 のコードである．実際の文字以外に，タイプライタにて文字を打ち込むときに使用された改行 (CR) や一文字後退 (BS) などの特殊文字も割り当てられている．図 1.2 では省略し空欄になっている個所にも，その他の特殊文字が割り当てられている．

このコード表を眺めてみると分かる通り，ASCII コードの割り当てにはいくつかの工夫がなされている．例えば，英大文字と小文字は，下位 4 ビットが同一になるように割り当てられている．このため，大文字のコードの 2 ビット目を 0 から 1 に変えれば小文字のコードが得られる．例えば A のコード 1000001 の 2 ビット目の 0 を 1 に変えた 1100001 は

1.2 シンボルを用いた情報の表現

下位4ビット	上位3ビット							
	000	001	010	011	100	101	110	111
0000	NUL		空白	0	@	P	`	p
0001			!	1	A	Q	a	q
0010			"	2	B	R	b	r
0011	EXT		#	3	C	S	c	s
0100	EOT		$	4	D	T	d	t
0101			%	5	E	U	e	u
0110			&	6	F	V	f	v
0111	BEL		'	7	G	W	g	w
1000	BS	CAN	(	8	H	X	h	x
1001		ESC	)	9	I	Y	i	y
1010	LF		*	:	J	Z	j	z
1011			+	;	K	[	k	{
1100			,	<	L	\	l	—
1101	CR		-	=	M	]	m	}
1110			.	>	N	^	n	~
1111			/	?	O	_	o	

特殊文字 ： 意味
NUL ： 空文字
ETX ： テキスト終 (End of TeXt)
EOT ： 伝送終了 (End Of Transmission)
BEL ： ベル (BELl)
BS ： 1文字後退 (Back Space)
LF ： 改行 (Line Feed)
FF ： 改ページ (Form Feed)
CR ： 復帰 (Carriage Return)
CAN ： キャンセル (CANcel)
ESC ： エスケープ (ESCape)

図 1.2 ASCII コードの一部

a のコードである．このように下位 4 ビットで文字の対応がとれるように工夫されている．また，制御文字には，このコード表の下位 4 ビットの対応によって，英文字の名前が付けられている．例えば，テキスト終了を表す EXT は文字 C と同一の行にあるため，C に対応する制御文字と言う意味の Control-C と呼ばれる．同様に EOT は Control-D，BS は Control-H と呼ばれている．これら名称は，今でも UNIX 系 OS などで広く使用されている．

(3) データの組やデータの列

　　データの組は，組のそれぞれの要素を表現するコードの並びとしてコード化できる．この際，それぞれのコードの大きさ（桁数）が決まっている必要がある．例えば文字を ASCII コードで表現し，自然数を 32 ビットで表現すると，情報の組 (C, 299792458) は，

| 1000011 | 00010001110111100111100001001010 |

のような並びにコード化される．それぞれの情報を表現するビット長が固定の場合，n 個の情報の列 $i_1, \ldots, i_n$ は，各 i_i のコード c_i の列

| c_1 | c_2 | $\cdots$ | c_{n-1} | c_n |

でコード化できる．

　　このように，複数のデータをコード化する場合，各コードは区切りのよい大きさのコード幅を割り当てることが多い．$\{0,1\}$ のシンボルからなり 2 進数を基本としたコード化では，コードのビット数も 2 の巾乗になっていると都合がよい場合が多い．したがって，狭義の ASCII コードは 7 ビットであるが，ASCII コードで表された 1 文字コードには通常 8 ビットが割り当てられる．この場合，情報の組 (C, 299792458) は，

| 01000011 | 00010001110111100111100001001010 |

のようにコード化される．

(4) 文字列

　文字が 8 ビットの ASCII コードでコード化されている場合，m 個の文字列は，m 個の 8 ビットデータ列でコード化できる．例えば，"CPU" は，

| 01000011 | 01010000 | 01010101 |

と表現される．

　文字数 m が可変の場合は，自然言語で文字列の区切りを空白を用いて表すように，文字列の終了を表す特殊な文字コードを追加し，この文字コードを最後に付け加えた $m+1$ 個の文字コードとしてコード化できる．終了コードとしては，他の文字に使用されていないコードを一つ割り当てればよい．この目的のために，NUL 制御コード "00000000" が一般に使用される．すると，例えば，

| 01000011 | 01001111 | 01000100 | 01000101 | 00000000 |

は，"CODE" を表す可変長文字列コードであることが分かる．

(5) 符合付き整数

　符合と自然数の組で表す．符合は 2 種類であるから 1 ビットで表現できる．正を 0 負を 1 とし，自然数を 31 ビットで表現すると，-273 は

| 1 | 0000000000000000000000100010001 |

とコード化される．

1.2.2　やや複雑な情報表現の例

　以上の考え方を組み合わせることにより，分数や，少数，有理数，複素数，配列，行列などの数値データや，節や章に分かれた文書，文書のカタログなどの事務データ，円や正方形など図形データなどの種々のデータに対して，そのデータを表現するコード化方式を設計することができる．さらに，コード化を何段階かに階層化するなどの方法を用いて，あらゆる種々の情報のコードを設計していくことができる．

より複雑な情報の表現の例として，図 1.3 に示す木構造をコード化してみよう．このためには，まず木を表現する方法を決定する必要がある．ここでは，木構造を，

(1) ルート
(2) 左部分木
(3) 右部分木

と順にたどって得られるシンボル列で表現する戦略をとる．各部分木のデータは括弧で区切ることにする．空の部分木（部分木がない場合）は "()" で表せる．このようにして得られるシンボル列は，木構造を表現している．図 1.3 の木は，すべてのノードのデータが異なるので，説明のために，ルートノードのデータが X である木のコードを $\mathcal{C}_X$ と名前をつけることができる．すると，図 1.3 の木は，以下のような等式で定義できる．

$$\mathcal{C}_A = A(\mathcal{C}_B)(\mathcal{C}_C)$$
$$\mathcal{C}_B = B()()$$
$$\mathcal{C}_C = C(\mathcal{C}_D)(\mathcal{C}_E)$$
$$\mathcal{C}_D = D()()$$
$$\mathcal{C}_E = E()()$$

木全体のコードは $\mathcal{C}_A$ であるから，図 1.3 の木のコードは

$$A(B()())(C(D()())(E()()))$$

と求められる．

木を $\{0,1\}$ で表現するには，この文字列を可変長文字列としてコード化すればよい．文字コードとして，8 ビットの ASCII コードを用いると，図 1.3 の木は，以下のコードで表現される．

01000001	00101000	01000010	00101000	00101001	00101000
00101001	00101001	00101000	01000011	00101000	01000100
00101000	00101001	00101000	00101001	00101001	00101000
01000101	00101000	00101001	00101000	00101001	00101001
00101001	00000000	—	—	—	—

1.2.3 コードの解釈

コード化の原則で指摘した通り，どのようなコードであれ，そのコード化の約束を知っている者は，コード化の手順を逆にたどることにより，コード化された情報を取り出すことができる．この処理を**デコード**と呼ぶ．

これまでの説明では，各情報に対応するコードを枠で囲んで示したが，もちろん実際には枠で区切られているわけではない．コードは単なる $\{0,1\}$ のシンボルの列である．例えば，1.2.2 項で定義した木構造のコードは，以下のシンボル列である．

01000010010100001000100101000010100100101000
00101001001010010010100001000110010100001000100
00101000001010010010100001010010010100100101000
01000101001010000010100100101000010100100101001
0010100100000000

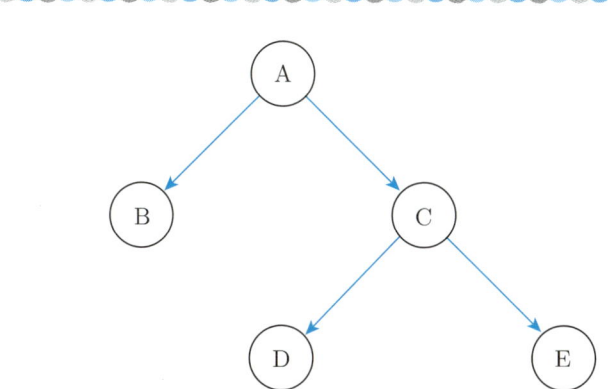

図 1.3 木構造の例

デコードは，コードの長さに関する知識を使って部分コードに分解し，それぞれのコードのコード化方式に従って，各コードを解釈することによって実行できる．上の例の場合，コードが可変長文字列を表現しており，各文字は 8 ビットデータであることを知っている必要がある．この知識によって，このビット列は，8 ビットごとに区切られたコードの列に分解でき，さらに，その最後は，"00000000"で終了することが分かっている．そこで，このビット列を，"00000000"が現れるまで，8 ビットずつデータを文字に変換することを繰り返せば文字列が復元できる．この操作により，$A(B()())(C(D()())(E()()))$ を得ることができる．

次に，木を文字列で表現したときの約束に従い，得られた文字列を $\alpha(\beta)(\gamma)$ の形に分解する．この例の場合，α, β, γ は

$$\alpha = A$$
$$\beta = B()()$$
$$\alpha = C(D()())(E()())$$

となる．これから，表現されている木は，A をルートノードとし，コード $B()()$ で表された左部分木とコード $C(D()())(E()())$ で表された右部分木を持つ木であることが分かる．この操作を，それぞれの部分木を表すコードに対して繰り返し適用することによって，図 1.3 で表された木が正しく復元される．

1.2.4　メモリ領域とポインタの利用

すでに述べた通り，情報のコード化は，我々が言葉を使って情報を表現する行為をモデルにしている．したがって，我々が通常使っている手法が，コードの設計においても使用される．コードの設計の技法の解説の最後に，その中で最も重要な概念を学ぼう．

我々が複雑な情報を記述する際に使用する最も基本的な道具は，すでに言葉で表現されている情報に「名前」をつけることである．我々は，すでに知っている名前を使って，より複雑な情報を段階的に記述している．例えば，数学では自然数や有理数などの種々の概念に名前が付けられ，それら定義を使って複雑な情報が表現される．この教科書でここまで学んできた読者は，すでに ASCII コードという名前を知っている．「8 ビット長の ASCII コード 01000001」は，この ASCII コードという名前が表すコード表を参照することによって，文字 A を表すコードであることを理解できる．1.2.2 項における実際のコード化の説明

でも，木の各部分に名前をつけて表現したことを思いだそう．

この名前を付ける手法は，コード化においても最も基本的なものの一つである．我々人間はすでに名前を付けるということをお互いに理解しているため，「このコード体系を ASCII コードと呼ぶことにしよう」と宣言することによって名前の対応が暗黙に記憶され，それ以降，その名前を使うことができる．しかし $\{0,1\}$ のシンボルによってすべてを表す計算機システムの世界では，この名前を付ける行為そのものを，$\{0,1\}$ のシンボルを使ったコード化の約束として定義する必要がある．

名前を付けるとは，名前と対象物との対応関係を保持することである．この機構は，コードを格納する領域に番号を振り，コードの開始位置の番号を，そのコードの名前と解釈すれば実現できる．コードの格納領域を**メモリ**と呼び，各メモリの格納域に付けられた番号を**アドレス**と呼ぶ．格納域は固定の大きさの語（ワード，word）と呼ばれる単位に分割され，ワード単位にアドレスが振られている．各コードは，ワードの整数倍の大きさが割り当てられ，メモリの特定のアドレスから始まる領域に格納される．したがって，コードの格納されたメモリの先頭アドレスを，そのコードの名前として使用することができる．

この手法を使って木のコード化を設計し直してみよう．木は，ノードのラベルと右部分木および左部分木を表す名前の組で表現できる．1.2.2 項で説明した通り，図 **1.3** の木は

$$\mathcal{C}_A = A(\mathcal{C}_B)(\mathcal{C}_C)$$

と表現できる．ここで，$\mathcal{C}_A, \mathcal{C}_B,$ および $\mathcal{C}_C$ はそれぞれ，A, B, C をルートノードとする木に，我々が説明のために付けた名前である．これら名前を，コードに付けられた名前と見なし，そのコードのアドレスで表現すれば，それらアドレスを別のコードの中で使用することによって，すでに定義されているコードをアドレスを通じて参照できるようになる．この方法により，我々が名前を使い情報を表現するのと同等の効果を実現できる．

コードの中に現れる別なコードのアドレスを**ポインタ**と呼ぶ．ノード X をルートとする木のポインタを P_X と書き，さらに，空の木を，存在しないアドレスを表す特別なポインタ ϕ で表すことにする．アドレス P の内容が D であることを $P \to D$ と書くと，図 **1.3** の木は，以下のような三つ組の列でコード化できる．

アドレス	→	コードの内容
P_A	→	(A, P_B, P_C)
P_B	→	(B, ϕ, ϕ)
P_C	→	(C, P_D, P_E)
P_D	→	(D, ϕ, ϕ)
P_E	→	(E, ϕ, ϕ)

メモリの 1 ワードを 8 ビットとし，メモリのアドレスを 8 ビットの 2 進数で表現することにする．また，メモリの 0 番地は使用しないものとし，特別のポインタ ϕ を空文字を表す制御文字 NUL と同様 00000000 で表現すると約束する．さらに，この木構造を格納するためのメモリとして，10 進数で 128 番地 (アドレス 10000000) から使用することにする．すると，各ノードは 3 ワードのデータでコード化できるので，アドレス P_A, P_B, P_C, P_D はそれぞれ 10 進数で 128, 128 + 3, 128 + 6, 128 + 9 番地となる．128 + 3 と 128 + 6 番地のコードはそれぞれ 10000011 と 10000110 であるから，アドレス P_A に格納されるコード (A, P_B, P_C) は，128 番地から始まる

| 01000001 | 10000011 | 10000110 |

の 3 ワードのデータである．このようにして，上記の五つの式で表される木全体のコードを，図 1.4 のように与えることができる．作成されたコードの先頭アドレス 10000000 は，この木全体を表すポインタとして，他のコードの中で参照することができる．このようにポインタを用いることによって，コード部品を作り，それらをポインタで参照しながらより大きなコードを作っていくことができる．

現在我々が使用しているコンピュータでも，この方法を基礎にして，複雑で大規模なデータがコード化されている．

1.3 ディジタルコンピュータの構成原理

1.1 節で学んだ通り，ディジタルコンピュータは，シンボル列で表現された情報を読み取り，現在の状態を元にその一部を別の情報に書き換え，別な状態に遷移することを繰り返す機械である．あらゆる情報が $\{0, 1\}$ のシンボル列でコード化できるなら，コードの変換や新しい状態の計算は $\{0, 1\}$ のコードを別

の $\{0,1\}$ のコードに変換する操作である．したがって，ディジタルコンピュータの機能は，

(1) $\{0,1\}$ のコードを入力し別のコードを出力する関数,
(2) $\{0,1\}$ のコードを状態として保持する機構

を組み合わせることによって実現できるはずである．今日の計算機システムを構成するコンピュータハードウェアは，そのような関数および状態遷移機械を電子回路で実現したシステムである．

本節では，この構成原理を学ぶ．本節の目的は，実際に電子回路を設計したり開発したりするための基礎の習得ではなく，そのような回路を作ることができ，したがって，ディジタルコンピュータが実現できることを理解することである．この目的を念頭に，詳細を省略し，ディジタルコンピュータハードウェアの動作原理を解説する．

アドレス	データ	注釈
10000000	01000001	文字 A
10000001	10000011	ポインタ P_B
10000010	10000110	ポインタ P_C
10000011	01000010	文字 B
10000100	00000000	ϕ
10000101	00000000	ϕ
10000110	01000011	文字 C
10000111	10001001	ポインタ P_D
10001000	10001100	ポインタ P_E
10001001	01000100	文字 D
10001010	00000000	ϕ
10001011	00000000	ϕ
10001100	01000101	文字 E
10001101	00000000	ϕ
10001111	00000000	ϕ

図 1.4　ポインタを用いた木のコード化

1.3.1 状態を持つ機械の実現

機械の状態を $\{0,1\}$ のビット列で表現すると，状態の遷移は，ビット列を受け取ってビット列を返す関数で表現できる．したがって，n ビットのコード $x_1, \ldots, x_n$ を入力し，m ビットコード $y_1, \ldots, y_m$ を出力する（任意の）関数 F を電子回路で構築できれば，電子回路で状態遷移関数を実現できることになる．

$\{0,1\}$ はそれぞれ真 (true) と偽 (false) を表す真理値と解釈できる．したがって，n ビットの入力コード $x_1, \ldots, x_n$ は n 個の論理変数と見なせる．すると，関数

$$F(x_1, \ldots, x_n) = (y_1, \ldots, y_m)$$

の出力コードの各ビット y_i は，入力 $x_1, \ldots, x_n$ によって決まる真理値であるから，入力 $x_1, \ldots, x_n$ と y_i との対応は，n 変数の論理関数 f_i を使って

$$y_i = f_i(x_1, \ldots, x_n)$$

と書ける．したがって，関数 F は，以下のような n 変数論理関数の m 個の組で表現できる．

$$F(x_1, \ldots, x_n) = (f_1(x_1, \ldots, x_n), \ldots, f_m(x_1, \ldots, x_n))$$

各論理関数 f_i は，n ビットの組に対して $0, 1$ を対応させる関数である．論理関数は一般に論理変数を論理演算で結合した論理式で表現できる．命題論理学では，論理演算子は，$x \wedge y$ (x かつ y)，$x \vee y$ (x または y)，$\neg x$ (x ではない) の三つが標準であるが，他の組合せでも表現可能である．特に，

$$x \text{ NOR } y = \neg(x \vee y)$$

$$x \text{ NAND } y = \neg(x \wedge y)$$

で定義される NOR および NAND 演算子はそれぞれ一つだけで，すべての論理関数を表現可能である．さらにこれら二つの演算子は，電位の高低などの電気的な状態を $\{true, false\}$ と解釈することによって，電子回路によって実現できる．この対応から，$\{0,1\}$ シンボル列を変換する任意の関数は，電子回路によって実現できることが分かる．したがって，コード化されたデータの変換と状態遷移関数はともに組合せ電子回路で実現できる．

そこで，コンピュータハードウェアを実現するためには，論理変数集合を状態として持つ機械を実現すればよいことが分かる．機械の状態と状態間の遷移は，図 1.5 に示すように，フィードバックを持つ論理回路の定常状態と，定常

状態間の遷移として表現できる．フィードバックを持つ論理回路は，フィードバックエッジが直前の値を保持する仮想的な遅延素子（メモリ）として働くと見なせる．この仮想的なメモリの入力と出力が同じであるとき，回路は安定し，その値を保持し続けることができる．つまり，回路は状態を持つことができる．入力が変化すると，フィードバックエッジの値が変化し，別の安定な状態に遷移する．以上から，フィードバックを持つ電子回路は，フォードバックの入力と出力が同じである値の集合を状態の集合とする状態遷移機械を構成することが分かる．このような回路を**非同期順序回路**と呼ぶ．

簡単な例として，1ビットの情報を記憶する機械を考えてみよう．この機械は，入力として R(eset) と S(et) の二つを持ち，R が 1 になれば，状態を 0 にリセットし，S が 1 になれば，状態を 1 にセットし，その状態を保持し続ける．

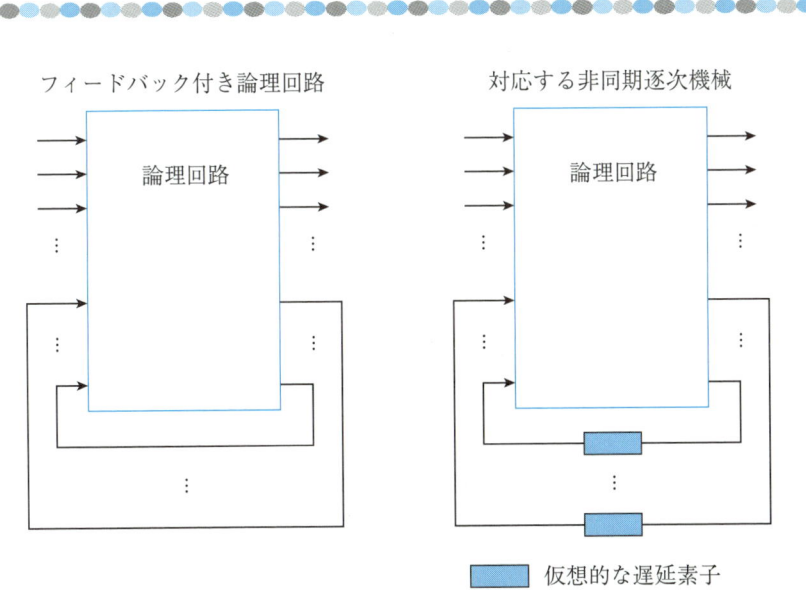

図 1.5 　状態を持つ機械

出力は，記憶されている 1 ビットのデータ，すなわち現在の機械の状態とする．この機械を論理回路で実現するために，以下のような構成を考えてみよう．

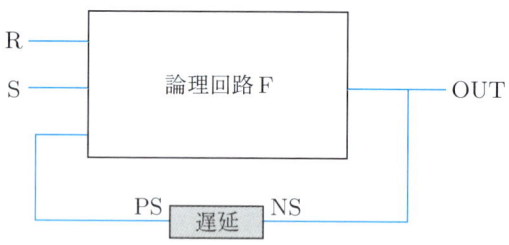

ここで，F はこの機械を実現する論理関数（つまり組合せ論理回路），「遅延」は，この機械を設計・分析する上で仮想的に考えた遅延メモリである．PS (Present State) は，遅延メモリの現在の値，すなわち直前の出力値，NS (Next State) は，PS および入力から論理回路 F が計算した新しい値である．この回路は，PS = NS のとき安定であり，その値がこの機械の状態となる．

この機械の望ましい動作を，PS と R, S を入力とし，NS を出力する論理関数として書き下してみると，図 1.6 の (a) の表のようになる．この表を横にみると，入力 RS の組に対して，PS がどう変化するかを読み取ることができる．太字で示した部分は，出力 NS が入力 PS と同じであり，定常状態である．例えば，表の左上角の 0 は，PS = 0 かつ RS = 00 のときは，機械は状態 0 のまま留まることを表している．細字の部分は，出力 NS が入力 PS と異なり，別の状態に遷移する途中の状態を示している．例えば，表の上列の左から 2 番目の 1 は，PS = 0 つまり現在の状態が 0 のとき RS = 01 の入力があったら，機械は状態 0 から 1 に遷移することを表している．

状態遷移を決めるこのような表ができれば，この表を実現する論理回路を作ることによって，その表が表現する動作をする状態を持つ非同期順序機械が実現できる．例えば，図 1.6 の (b) の論理回路はこの表の動作を論理素子で構成したものであるから，この回路は 1 ビットの情報を状態として記憶する機械，すなわち 1 ビットの**メモリ**を実現している．

ディジタルコンピュータの中心は，以上のような状態を持つ機械に，クロックシグナルを加え，状態変化を一定時間ごとに繰り返すように構成した**同期順序機械**である．その概念的な構造を図 1.7 に示す．機械状態は，クロックシ

1.3 ディジタルコンピュータの構成原理

	Input RS			
PS	00	01	10	11
0	**0**	1	**0**	**0**
1	**1**	**1**	0	0

(a) PS と R, S の値に対する NS の値

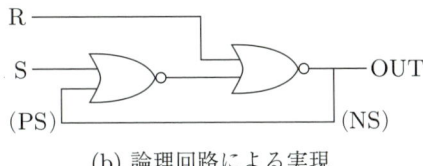

(b) 論理回路による実現

図 1.6　状態を持つ機械の実現の例

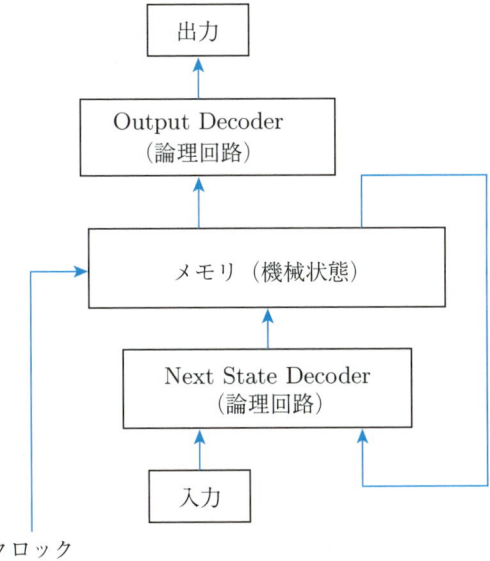

図 1.7　状態遷移機械の構造

グナル時の入力ビット列を記憶するメモリである．ビット列を記憶するメモリは，上記の 1 ビットの状態を持つ機械同様，クロックシグナルが ON になったとき，他の入力をそのまま状態として記憶する非同期順序機械を設計することによって実現できる．Next State Decoder は，入力と現在の機械状態から，次の機械状態を作り出す状態遷移関数，Output Decoder は，出力を生成する関数である．これらは，組合せ回路で実現できる．このようにして，任意の動作をする同期順序機械を系統的に構築することができる．

1.4 コンピュータアーキテクチャの実現

　近代的なディジタルコンピュータは，上のような逐次同期機械の状態に種々の意味を与え，そこに仮想的な種々の構造を作っていくことによって実現される．

　機械の状態は $\{0, 1\}$ の列であるから，1.2 節で学んだように，情報をコード化することによって，このビット列を用いて任意の情報を表現できる．この原理を基礎に，機械の状態を構造化し，情報を一時的に記憶する機能や種々の演算をする機能などを持った機械を実現することができる．このようにして設計・開発されたこの計算機システムハードウェアの構造を，**コンピュータアーキテクチャ**と呼ぶ．

　目的に応じて，様々なデータ構造をエンコードし，種々の新しい構造や機能を実現するコンピュータアーキテクチャを自由に設計し実装することができる．コンピュータアーキテクチャは，通常，コード列の変換を実行する機械である **CPU** (Central Processing Unit) とコードを記録するメモリおよび種々の入出力装置からなる．図 **1.8** にその構造を示す．

　メモリと入出力装置は，コードを記録したり読み出したりする装置であり，チューリング機械におけるテープの役割を果たす．計算機システムの中心は，コードを認識し変換する機械である CPU である．近代的なコンピュータアーキテクチャの CPU は，**フォンノイマン**などによって提案された次のような考え方に基づいて設計されている．

- CPUは，**レジスタ**と呼ばれるデータ格納域を持ち，レジスタ上で，四則演算や，メモリからのデータの読込みや書出しを行う．
- CPUの動作は，数十個から数百個の**命令**と呼ばれる単位で記述される．各命令は，状態遷移機械内のビットレベルの一連の状態遷移をひとまとまりにし，「メモリからのレジスタへのデータの読込み」，「レジスタからメモリへのデータの書出し」，「レジスタ上でのデータの演算」などの動作を表現したものである．命令の集合は有限であるため，前節で学んだ文字のコード化と同様，ビット列にコード化できる．CPUは，命令を格納する特別のレジスタである命令レジスタを持つ．
- 命令はメモリに格納される．
- CPUは，メモリ上の命令の位置を示す**プログラムカウンタ (PC)** と呼ばれる特別のレジスタを保持し，次の実行を繰り返す．

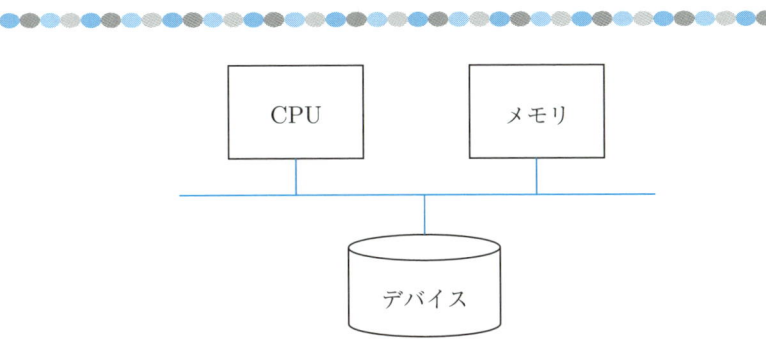

図 1.8 計算機システムの構造

> (1) 現在のプログラムカウンタが指すメモリ位置の命令を命令レジスタに読み込む．
> (2) 命令レジスタに書かれた命令に対応する一連の状態遷移を実行し，命令が定める動作を実現する．
> (3) プログラムカウンタを，次の命令の位置を示すように更新する．通常の命令では，プログラムカウンタに命令の長さ分の値が加えられる．命令の中には，プログラムカウンタを書き換えるものがある．この命令を実行すると，指定された命令に分岐（ジャンプ）する．

この構造を，一般に**フォンノイマンアーキテクチャ**と呼ぶ．以下本書では，フォンノイマンアーキテクチャを持つ機械をフォンノイマン機械と呼ぶことにする．

フォンノイマン機械は，レジスタ集合の値を状態とし，命令を入力データとして，状態遷移を行う機械である．フォンノイマンアーキテクチャは，ビットレベルの詳細な状態遷移を仮想化し，命令を実行するより高水準の状態遷移機械を実現している．図 **1.9** に，フォンノイマン機械の CPU の構造を示す．

1.1 節で学んだ通り，ディジタルコンピュータは，およそすべての機械を模倣できる汎用の問題解決システムである．したがって，ビットレベルの入出力を行い，ビットレベルの状態遷移をする低レベルのディジタルコンピュータは，レジスタ単位で入出力を行い命令によって状態遷移をする高水準のディジタルコンピュータも当然模倣できるはずである．このように，低レベルの機能の上に，より高機能で使いやすい機能を実現することを，一般に**仮想化**と呼び，仮想化によって実現されるコンピュータを**仮想コンピュータ**と呼ぶ．計算機システムの利用者は，この仮想化によって，計算機システムの詳細な状態遷移関数を直接制御する煩雑さから解放され，CPU の命令列をデータとして用意するだけで，システムの制御が可能となる．さらに，命令はビット列にコード化されたデータであるため，いくらでも大きなプログラムを作ることができ，また変更なども容易である．

1.5 フォンノイマン機械のプログラミング

フォンノイマン機械の動作を理解するために，その機械を動作させるプログラムの構造をやや詳しくみてみよう．

チューリング機械のプログラムは機械の状態遷移そのものであったが，フォンノイマン機械では，プログラムは命令の列として表現され，ハードウェアの外部のメモリに格納されている．このプログラムが格納されたメモリの先頭アドレスが，フォンノイマン機械の CPU レジスタの一つであるプログラムカウンタに設定され，プログラムの実行が開始される．

命令には種々の形態がありうる．ここでは，CPU のレジスタの値とメモリ内の特定の語の値または定数との演算を行い，結果をレジスタに格納する命令を考える．アドレスの長さを 1 語長とし，命令の種類とレジスタの種類はそれぞれ 1 語の半分のビットで表現できるとすると，通常の命令は以下のような 2 語長のデータでコード化できる．

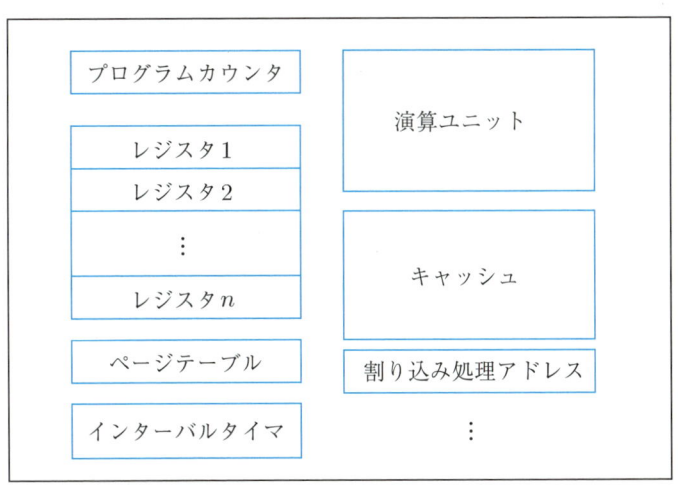

図 1.9 近代的な CPU の構造

1語目	命令コード	レジスタ番号
2語目	メモリのアドレスまたは定数	

プログラムカウンタは，つねに次に実行する命令の 1 語目のアドレスを持ち，ハードウェア制御部は，通常の命令を実行すると，命令の長さ 2 をプログラムカウンタの値に加える．この機構によって，メモリ上に置かれたの命令列が順番に実行される．

しかしこの機構のみでは，連続した命令を 1 回ずつ実行して終了する簡単なプログラムしか実現できない．フォンノイマン機械で汎用な情報処理を実現するためには，チューリング機械がテープのデータに応じて状態遷移を行ったように，データに応じた遷移を実現する機構が必要がある．このために，別の命令列に分岐する命令が用意されている．**分岐命令**は，1.2.2 項で説明したポインタを用いたデータのコード化の考え方に従い，命令のアドレスを命令に付けられた名前と見なし，そのアドレスを命令の中で指定することによって実現される．分岐命令は，以下のようなデータとしてコード化される．

1語目	分岐命令の種類	レジスタ番号
2語目	分岐先命令アドレス	

分岐命令の種類には，無条件に分岐する命令と条件分岐命令がある．無条件分岐命令では，レジスタ番号フィールドは無視される．条件分岐命令は，レジスタ番号で示されたレジスタの内容によって分岐するか否かを判断する．分岐条件が満たされれば，2 語目に格納されたポインタの先の命令に分岐する．分岐条件が満たされなければ，通常の命令と同様に，その命令に続く命令の実行が継続される．

レジスタを R，アドレスを A，定数を C と書き，アドレス A のメモリの内容を $M[A]$ と書く．フォンノイマン機械の命令は，命令およびレジスタに名前をつけ，

$OpCode(R, A)$

のように表記する．例えば，レジスタ r1 とメモリ番地 1023 の内容とを加算し，その結果をレジスタ r1 にセットする命令は

ADD(r1,1023)

1.5 フォンノイマン機械のプログラミング

と書ける．

　フォンノイマン機械の具体的な機能は，用意される命令の集合（命令セット）によって決定される．具体的な例として，図 1.10 に示すような命令セットを考えてみよう．このごく簡単な命令セットでも，種々の数値演算を実行することができる．例えば，図 1.11 のプログラムは，整数 n が 100 番地に与えられた

命令	動作
Load(R, A)	R = M[A]
LoadI(R, C)	R = C
Store(R, A)	M[A] = R
Add(R, A)	R = R + M[A]
Sub(R, A)	R = R - M[A]
Jump A	A 番地の命令にジャンプ
JZ(R, A)	$R = 0$ なら A 番地の命令にジャンプ
JNZ(R, A)	$R \neq 0$ なら A 番地の命令にジャンプ
HALT	コンピュータを停止．

図 1.10　フォンノイマンアーキテクチャの命令セットの例

アドレス（10 進数）	命令
2	LoadI(r1, 1)
4	Store(r1, 101)
6	LoadI(r1, 0)
8	Store(r1, 102)
10	Load(r1, 102)
12	Add(r1, 100)
14	Store(r1, 102)
16	Load(r1, 100)
18	Sub(r1, 101)
20	Store(r1, 100)
22	JNZ(r1, 10)
24	HALT

図 1.11　フォンノイマン機械のプログラム例

とき，1からnまでの総和 ($\sum_{k=1}^{n} k$) を計算し，その結果を102番地に置くプログラムである．種々の演算命令を付け加えればより広範囲のプログラムをより簡潔に記述できるコンピュータが実現できる．

1.6 コンピュータによる問題解決

　以上学んだことを振り返ってみよう．計算機システムは，$\{0,1\}$の言語で必要な情報を表現し，表現された情報を解釈し変換することを繰り返すことによって問題を解決する万能な問題解決システムである．万能性を厳密に証明することは困難であるが，チューリングやチャーチなどの一連の研究により，以下の性質が示されている．

- ディジタルコンピュータは，適当なプログラムを用意することによって，離散的な状態を持つ任意の機械を模倣できる
- ディジタルコンピュータは，計算可能なすべての計算を実行することができる．

離散的な状態を持つ機械とは，その動作が厳密に定義され書き下せるような機械であり，ほとんどの問題解決システムを網羅するきわめて幅広いものである．計算可能な関数は，機械的に計算できる関数のことである．これは，ディジタルコンピュータの研究とともに確立した概念であり，ディジタルコンピュータで計算できる関数と一致する．これまでの研究の中で，機械的に計算できる関数の定義がいくつか提案されたが，それらすべては，同一の能力を持つことが証明されている．以上のような性質から，およそ厳密に定義され，機械的な手順で解決しうる問題なら，適当なプログラムを用意することによって，ディジタルコンピュータで解決可能である，と見なされている．

　このような能力を持つディジタルコンピュータは，歴史的には，ある差し迫った困難な問題を解決するために開発された．例えば，チューリングによるディジタルコンピュータの研究の目的の一つは暗号の解読であり，また，世界最初の実際に稼動したディジタルコンピュータと見なされている**ENIAC**は第2次世界対戦の最中，弾道計算のために開発された．その後，ディジタルコンピュータを使った問題解決の方法論の研究が開始され，種々の問題をための方式や技術が研究され，いろいろな問題に適用されてきた．これらの中でも，最も重要

1.6 コンピュータによる問題解決

なものとして研究され続けた問題が，

　　　高機能かつ高性能で使いやすい計算機システムの実現

である．ディジタルコンピュータそのものも，厳密に定義された離散的な状態を持つ機械である．したがって，一つのディジタルコンピュータは，他のディジタルコンピュータを模倣するプログラムを書くことによって，任意のディジタルコンピュータを実現できることが分かる．

　我々はすでに，フォンノイマン機械そのものが，この原理によって，より低レベルの状態遷移機械の上に構築された仮想機械であることを学んだ．計算機システムの研究開発の課題は，このフォンノイマン型コンピュータの上に階層的にプログラムを構築し，より強力な仮想コンピュータを開発していくことである．仮想コンピュータは，フォンノイマン機械上に，プログラムを命令列としてメモリ上に用意することによって実現される．実現対象となる仮想コンピュータは，計算不可能な機能が含まれていなければ，特に制限はない．この仮想コンピュータを実現するプログラムが，計算機システムの**基本ソフトウェア**である．広い意味の基本ソフトウェアは，計算機システムを動かすためのプログラムである **OS**（Operating System，オペレーティングシステム）やネットワークシステムなどが含まれる．次章以降の本書の対象は，主に OS を中心とする基本ソフトウェアの基本概念と構造である．

問題

確認問題

1. ディジタルコンピュータによる情報処理の原理を述べよ．
2. チューリング機械の構造と動作を説明せよ．
3. 情報のコード化とは何か説明せよ．また，情報のコード化の例を挙げよ．
4. 図 1.2 の ASCII コード表を参考に以下の変換方法を与えよ．
   (a) ASCII コードの英大文字を英小文字に変換する．
   (b) ASCII コードの数字を数（2進数）に変換する．
   (c) 26以下の2進数 n が与えられたとき，n 番目の英大文字を求める．
5. 非同期順序機械および同時順序機械のそれぞれについて，その構造と動作を説明せよ．
6. フォンノイマンアーキテクチャについて説明せよ．
7. プログラムカウンタの役割を記述せよ．
8. 計算機システムにおける CPU，メモリ，デバイスの役割を説明せよ．
9. コンピュータの模倣と仮想コンピュータの概念を説明せよ．

演習問題

1. 5ページに定義したチューリング機械のプログラムは，1の加算を終了後ヘッドは次の数字の位置で停止している．このプログラムを改良し，ヘッドを，開始時にヘッドのあった位置，つまり，一番右側の数字の上に戻るように変更せよ．
2. 11ページの符合付き整数のコード化方式に関して以下の問いに答えよ．
   (a) n ビットで表現できる数の範囲を示せ．
   (b) （符合なし）2進数の加算，減算を使って，この表現の数の加算と減算の手続きを与えよ．
   (c) 加算の結果オーバフローを引き起こす場合，すなわち，加算の結果が表現できる数の範囲に収まらない条件を列挙せよ．
3. 11ページのコード化方式では，0に二つのコードが存在し，好ましくない．この問題を回避するために，現在の計算機システムでは，n ビットの符合付き数の表現を以下のように表現する方式が広く使用されている．

$$数\ k\ のコード = \begin{cases} k & k\ が正のとき \\ 2^n - |k| & k\ が負のとき \end{cases}$$

この方式では，正の数と負の数を区別するできるために，正の数は先頭ビットが 0，負の数は先頭ビットが 1 となる範囲の数に限定する．これを2の補数表現と呼ぶ．この表現方法に関して，前問と同一の問いに答えよ．

4. $\{0, 1\}$ を使った整数の表現には，2進数表現以外にも種々の表現が可能である．この問題では，マイナス2進数表現を考えてみよう．一般に（正の）n 進数表現は，n 個の記号（数字）を使い，k 桁の数字列 $A_{k-1} \cdots A_0$ で以下の数を表現することを思

$$A_{k-1} \times n^{k-1} + \times n^{k-1} + \cdots + A_1 \times n + A_0$$

マイナス 2 進数表現では，$n = -2$ とし，$\{0,1\}$ の二つの数字を使用する．例えば，101 と 11 はそれぞれ以下の数を表す．

$$101_{(-2)} = 1 \times (-2)^2 + 0 \times (-2)^1 + 1 = 5_{(10)}$$
$$11_{(-2)} = 1 \times (-2)^1 + 1 = -1_{(10)}$$

(a) マイナス 2 進数 0, 1, 10, 11, 100, 101, 110, 111 が表す数を十進数で表せ．
(b) 十進数 0 から 10 までの数をマイナス 2 進数で表せ．
(c) すべての整数は唯一のマイナス 2 進数を表現を持つことを，以下の手順で示せ．
   i. $2k$ 桁および $2k+1$ 桁以下のマイナス 2 進数で表現できる数の範囲を求めよ．
   ii. 上記を用いて，任意の数は唯一のマイナス 2 進数表現を持つことを示せ．

5 科学技術計算では，基数 N の数（N 進数）を以下のような指数表現で表すことがある．

$$\pm m \times N^e$$

ここで，m（仮数部, mantissa）は $1 \leq m < N$ の範囲の固定小数点数，e（指数部, exponent）は符合付き整数である．

　32 ビット 2 進数の指数表現のコードを設計し，そのコードで表現できる数の範囲を吟味せよ．

6 木構造と並ぶ代表的なデータ構造にリストがある．リストは，要素をポインタでつないだデータ構造である．最後は NIL と呼ばれる特別な値で終了する．例えば，1, 2, 3 を要素とする長さ 3 のリストは以下のような構造を持つ．

リストをポインタを用いてコード化する方法を記述し，上記リストを 2 進数表現で 10000000 のアドレスから始まる領域にコード化せよ．ただし，NIL は NUL 文字で表すことにする．

7 2 本のフィードバックを持つ非同期逐次機械を適当に定義し，その定常状態を調べよ．

8 論理演算子 NOR ですべての論理関数が表現できることを，以下の手順で示せ．
   (a) 1 変数の論理関数をすべて列挙せよ．
   (b) 1 変数の論理関数はすべて NOR で表現できることを示せ．
   (c) n 変数の論理関数が NOR で表現できることを仮定し，$n+1$ 変数の論理関数が NOR で表現できることを示せ．

以上から，数学的帰納法により，任意の論理関数は NOR を使って表現できることが分かる．

9 1.5 節で定義したフォンノイマンコンピュータの命令セットに，ポインタが指す値をロードする以下の命令を追加する．

命令	動作
LoadP(R, A)	R = M[M[A]]

必要ならこの命令を用いて，問 6 で定義した自然数のリストの総和を求めるプログラムを書け．ただし，リストの先頭を指すポインタが 100 番地に格納されているものとし，それ以外のセルの場所およびリストの長さは分かっていないものとする．

第2章

OSの役割と構造

　計算機システムは，チューリングやフォンノイマンなどによって基礎付けられたディジタルコンピュータによる情報処理の原理に基づき開発された問題解決システムである．本章では，現代の計算機システムの機能を実現するプログラムであるオペレーティングシステム（基本ソフトウェア，OS）の構造と役割および，OSとハードウェアの関係を学ぶ．

2.1　OSの役割

　ハードウェアが直接提供する機能は，メモリの書き換えや基本的な四則演算などの単純なものである．オペレーティングシステム (OS) の目的は，これら低レベルの命令を実行するハードウェア上に，より高機能でかつ使いやすい計算機システムを実現することである．

　計算機システムは，それを管理する立場からみると，有効に利用すべき高価な機械である．この見方の下では，計算機システムは，以下のようなものを含む，有効利用すべき資源の集合とみることができる．

- 計算資源 (CPU)
- メモリ
- 種々のデバイス
- 2 次記憶領域
- 通信機能

この見方の下では，OS は，これら資源の最適な管理と利用を実現する資源管理者である．

　一方ユーザの立場からみると，計算機システムは，問題解決のための機能を提供してくれる機械である．この観点からは，ユーザにとって使いやすい以下のような機能が望まれる．

- ユーザ専用の CPU
- ユーザ専用の十分なメモリ空間
- open, read, write などで簡単に操作できる高水準デバイス
- 階層的なファイルシステム
- いつでも簡単に使えるネットワークシステム

もちろんこれら機能を物理的なハードウェアそのものによって実現するのは，例え可能であるにせよ好ましくなく，多くの場合困難である．例えば一つのユーザプログラムがメモリと CPU を占有してしまうと，計算機システムは，他のユーザへのサービスやデバイスなどのシステムの管理ができなくなってしまう．また，情報を記録するディスク装置も，ハードウェアとしてはビット列を記憶

する機能を提供するのみであり，フォルダやファイルなどの機能の提供は，柔軟性や拡張性などの点を考慮すると現実的ではない．OS のもう一つの重要な役割は，前章で学んだディジタルコンピュータによる情報処理の原理に基づき，ユーザにとって使いやすい種々の機能を模倣するプログラムをハードウェア上に作成することよって，より強力で使いやすい仮想コンピュータを提供することである．ハードウェア上にプログラムによってより高度で使いやすい計算機システムを実現することを**ハードウェアの仮想化**と呼ぶ．

OS は，資源の最適な管理者と高機能な仮想コンピュータの提供者という二つの側面を持つ．OS の役割と目的は，この二つの側面から以下のように整理できる．

計算機システムの見方	OS の役割	OS の目的
資源の集合	資源の管理者	資源の最適な利用
機能の集合	仮想コンピュータの提供	高度な機能の実現

OS のこれら二つの役割は相補的なものである．高度な機能を持つ仮想的なコンピュータが高速かつ効率よく動作するためには，資源の最適な管理が必須である．また，ハードウェア資源の仮想化は，ユーザによる物理的資源の利用を禁止することにより，OS による資源の最適な分配やスケジューリングを可能にする．理想的な OS は，ハードウェア機能を駆使して，この両者の目的を実現するシステムである．

2.2　OS の管理する資源

第 1 章で学んだ通り，ディジタルコンピュータは万能であり，どのような機能も実現することができる．この意味で，すべての計算機システムは理論的には等価な表現力を有する．しかしもちろん，その計算速度や処理できるデータ量，操作可能なデバイスなどの能力は，それぞれの計算機システムが持つハードウェア資源に依存する．計算機システムの計算能力を決定する主な構成要素は，以下の三つである．

(1) 計算能力

　　計算能力は，計算機システムに装備されているプロセッサによって決定される．計算機システムは，1 個以上の CPU（主要なプロセッサ）を持ち，

それに加えてグラフィクスや数値計算などの用途の専用プロセッサを持つことがある．OS は，種々の計算要求に対して，これらプロセッサを最適にスケジュールするとともに，ユーザには CPU の個数や専用プロセッサの存在を仮想化し，命令を高速に実行する仮想的な計算資源を提供する．

(2) 記憶容量

記憶容量は，計算機システムに装備されている主記憶装置（メモリ）によって決定される．OS は，システムに装備されたメモリの使用状況を管理しシステム内のメモリ需要に応じてメモリを分配するとともに，物理的な主記憶の容量および使用状況を仮想化し，ユーザプログラムに対して，そのユーザ専用の均一で大容量の仮想的な記憶装置を提供する．

(3) 各種デバイス

各種デバイスは，ユーザが実際にデータを入力したりデータを出力したりするための装置であり，複数のユーザの共有資源である．代表的なものに，情報を格納するディスク装置や遠隔のユーザとのデータをやり取りする通信チャネルなどがある．OS は，計算機システムに対していくつか装備されているこれらのデバイスの使用状況を管理し，各ユーザの装置使用要求に応じて実際の物理デバイスの使用許可を行うとともに，ユーザプログラムに対しては，物理的なデバイスを仮想化し，高水準のインタフェースで簡単に使える高機能のデバイスを持つ計算機システムを提供する．

OS は，これら主な三つの資源に対応し，プロセッサの管理，記憶管理，デバイスおよびファイルの管理を行うモジュール群と，ハードウェアと連携しそれら機能を制御する**割り込みディスパッチャ**と呼ばれるプログラムからなる．割り込みディスパッチャは，2.3 節で詳しく学ぶ割り込み機構を利用し，計算機システムの状態を監視し，デバイスの状態やユーザの要求などに応じて，プロセッサの管理，記憶管理，デバイスやファイルの管理を行うモジュール群の中から，必要とされるプログラムをタイムリーに起動することによって，システム全体を動かすプログラムである．OS の全体構造を図 **2.1** に示す．

2.3 割り込み主導アーキテクチャ

第1章で学んだ通り，コンピュータアーキテクチャの基本はフォンノイマン機械である．この機械は，次に実行すべき命令位置を示すプログラムカウンタを持ち，
 (1) 命令の取り出しと命令のデコード
 (2) 命令の実行
 (3) プログラムカウンタの更新

という命令実行サイクルを繰り返す．しかし，この機構のみでは，計算機システムを実現するプログラムは，システムの管理からユーザの問題解決までのあらゆる必要な処理をすべて行う巨大な一つの命令列として構成しなければならない．そのような構成では，システム内のデバイスの状況や種々の処理要求の緊急性や優先度に応じて，必要なプログラムをすばやく起動できるシステムを実現することは困難である．この問題を解決するために作り出された機構が，**割り込み処理機構**である．割り込みとは，文字通り，現在の実行の流れに「割り込み」，より優先度と緊急度の高い処理を即座に実行する機能である．割り込む主体は，優先度と緊急度の高い状況を検出したハードウェアであり，割り込まれるものは，現在実行しているプログラムである．OSは，この割り込み処

システム資源の管理・仮想計算機の実現			
計算資源（CPU）の管理	記憶（メモリ）管理	デバイス・ファイルの管理	...
割り込みディスパッチャ			
ハードウェア			

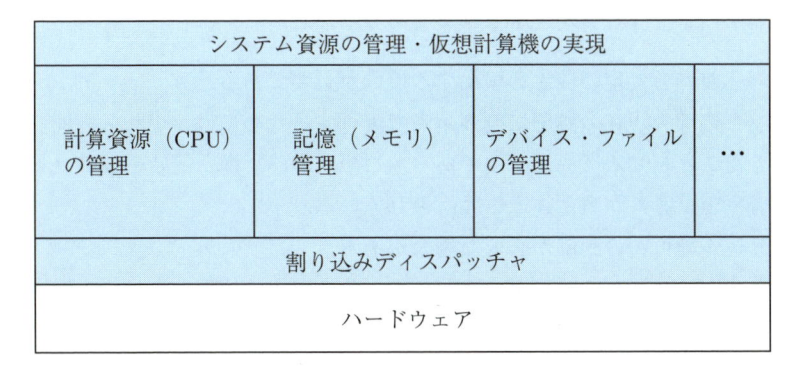

図 2.1　OS の構造

理機構を用いて，ハードウェアと連携し計算機システムの管理を実現している．この機構の理解が，巨大なプログラム群であるOSの機能と構造を理解する鍵である．

ディジタルコンピュータによる情報処理は，文字や記号を使った人間の問題解決をモデルとしたように，この割り込み処理も，人間が通常に行っている処理をモデルにしている．割り込み処理の意図と原理を理解するために，人間が通常行っている割り込み処理を分析してみよう．

そのためにまず，普通に本を読んでいる状況を考えてみよう．例えばあなたは，今，私が書いた本「計算機システム概論」の文章を読んいるはずである．それは，現在の行を目で追いその文章を読み，これまでの内容の記憶を基にその文を理解する，集中を要する連続した作業のはずである．この作業中に，緊急を要する事態，例えば，携帯電話に大切な人物からの着信があった場合を考えてみよう．あなたは，後でこの本を読む作業を再開するために，今読んでるこの行を確認し，必要ならその行に印をつけるなどした後に本を読むことを中断し，携帯電話での会話を行い，それが終了したら，先ほど中断した個所を思いだし，そこから文章を読む行為を再開するであろう．我々は，このような処理によって，状況に応じた臨機応変な対応を実現している．割り込み処理機構は，このように，人間が日常行っている割り込み処理を，計算機システムで実現するためのハードウェア機構である．

人間が通常行っている割り込み処理を振り返ってみると，割り込み処理に関する以下のような性質が理解されるであろう．

- 割り込むべき処理の発生を検出する機構が必要である．

緊急な処理を現在の処理に割り込んで実行するためには，それら処理要求が発生したことを知る機構が必要である．このために，携帯電話やドアフォンは着信音やチャイムが鳴るように設計されている．

- 割り込みの可否の制御が必要な場合がある．

割り込みは，現在の処理を中断してより急を要する処理を実行する機構であるが，ときには，割り込みを禁止しなければならない場合もある．例えば，もしあなたが，現在この本を読んでいるのではなく，就職のインタビューを受けているなら，電源を切るなどして携帯電話の割り込みを禁止するであろう．こ

のように，中断されると都合が悪い処理を実行中の場合に対応するため，処理を行っている者が割り込みの可否を制御できる必要がある．しかしながら，少数のきわめて緊急性の高い割り込みは禁止できないように設計されている．例えば日常の割り込みでも，火災警報システムなどの生命に関わる割り込み事象は抑止できない仕組みになっている．

- 処理は優先度に応じて順序付けられている．

割り込み処理は，より優先されるべき処理をより先に処理する方法である．現在行っている処理が，割り込み処理より低い優先度のときのみ割り込み処理が行われる．また，割り込み処理中に，さらに優先度の高い処理を行う必要が生じた場合，現在の割り込み処理にさらに割り込んで処理がなされるはずである．例えば，あなたが読書を中断して電話中に，速達郵便の配達の知らせるドアのチャイムが鳴ったら，電話を一時中断し，ドアを開けて郵便を受け取るであろう．このように，処理は優先度に応じた階層構造をなし，その優先度に応じて割り込みが制御される．

- 割り込み処理は入れ子構造をなす．

割り込み処理中も，割り込みの優先度に応じて新たな割り込みが発生しうる．割り込み処理が終了すると，割り込まれた処理が再開されるため，割り込み処理は以下の図のように入れ子構造をなす．

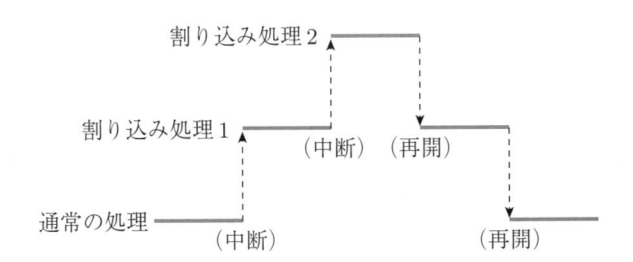

- 割り込み処理は現在の文脈を記録する．

割り込み処理は，割り込まれた処理の再開のために，割り込む前に，現在実行中の処理の状況を記憶しておく必要がある．割り込みが終了すると，記憶してある状況が再現され，割り込まれた処理が再開される．現在実行中の処理の情報を文脈（**コンテキスト**）と呼ぶことにする．コンテキストの記憶と呼び戻

しは，割り込み処理の構造に対応して，多段階の入れ子構造をなす．

以上の分析から理解される通り，割り込み処理を実現するために必要な処理は，優先度に応じて割り込み事象を分類し，割り込み時に現在処理中のコンテキストを記録し，割り込み終了時に，その記録したコンテキストを読み出し割り込まれた処理を再開することである．これらはもちろん，その手順をすべて書き下すことができる処理である．したがって，第1章で学んだ情報処理機械の原理によれば，ディジタルコンピュータ上にこれら処理機能を実現するプログラムを書くことによって，これら機能を装備した仮想コンピュータを実現できるはずである．現代のコンピュータアーキテクチャの基本構造は，命令の実行を繰り返すフォンノイマン機械に，現在のプログラムに割り込み別のプログラムを実行させる割り込み処理機構を実現したものである．

割り込み処理は，フォンノイマン機械上に作れた以下のような構造によって実現されている．

- 割り込み状態の検出機構

ハードウェアは，割り込み種類ごとに，割り込み要求の存在を示す状態を持つ．これら要求には優先度に応じて**割り込みレベル**と呼ばれる番号が割り当てられており，割り込み事象をが起こると，割り込みレベルと割り込み状態が，CPUの割り込み状態レジスタと呼ばれるレジスタに書き込まれる．

- 割り込みのマスク

発生した割り込み要求が，現在の処理に割り込んでよいか否かを決定するために，CPUは**割り込みマスクレジスタ**と呼ばれるレジスタを持つ．このレジスタの内容は，割り込みレベルごとの割り込みの可否を表すビット列である．割り込みマスクレジスタのあるビットが不可を示す値（例えば1）であれば，それに対応する割り込みは発生できない．このとき，その割り込みはマスクされていると言う．電源異常などの緊急な割り込みはこの制御を受けない．

- 割り込みベクタ

ハードウェアは，割り込みの種類ごとに，割り込みを処理するプログラムのアドレスを記憶する割り込みベクタと呼ばれる配列を持つ．

- コンテキストスイッチ

割り込み要求が割り込みレジスタに書き込まれると，CPUは，人間が行う

2.3 割り込み主導アーキテクチャ

割り込み処理の準備と同様，処理再開のために，現在のコンテキストを保存する．割り込み処理の場合のコンテキストは，現在のプログラムカウンタと割り込み処理が使用する CPU レジスタ群である．これらレジスタは割り込み処理によって使用され内容が変更されるため，割り込まれる直前の値を保存する必要がある．ハードウェアは，これらレジスタの値を，割り込み状態を保存するためにあらかじめ用意された領域に保存する．

入れ子状の割り込みを実現するために，このコンテキストを保存する領域は**スタック**として管理される．スタックは，以下の操作が定義されたデータ構造である．

$PUSH(データ)$：引数で与えられたデータをスタックに保存

$POP()$：スタックトップに保存されたデータを返す

の二つの操作が定義されている．ハードウェアは，割り込み状態を検出すると，

$PUSH(割り込みコンテキストに属する CPU レジスタ)$;

を実行し，現在のコンテキストを割り込みのために用意された**割り込みスタック**に保存する．図 2.2 に割り込みスタックの動作を示す．

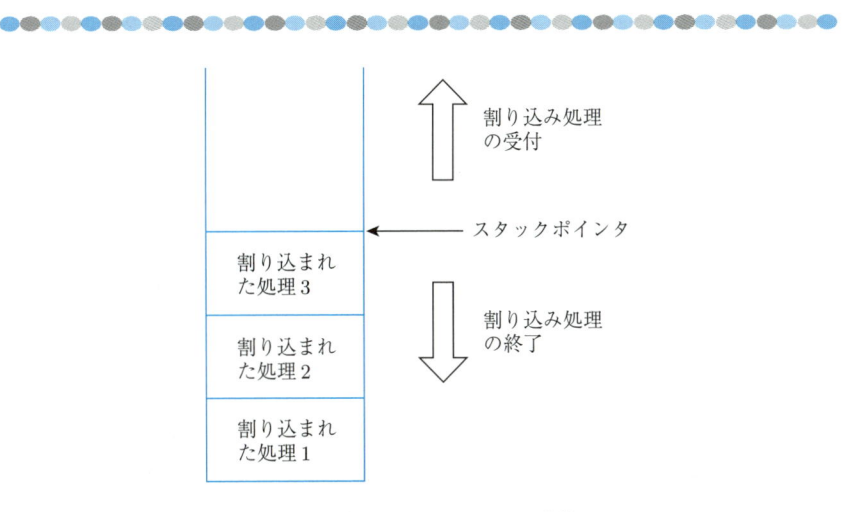

図 2.2 割り込みスタックの動作

現在のコンテキストを割り込みスタックに保存したら，要求された割り込みに対応する割り込みベクタに書いてあるプログラムのアドレスをプログラムカウンタにセットし，命令の実行を再開する．プログラムカウンタが書き換えられているので，この処理によって，割り込み処理プログラムが呼び出されたことになる．このコンテキストを保存し，プログラム実行を切り替える処理を一般にコンテキストスイッチと呼ぶ．

呼び出された割り込み処理プログラムは，割り込み状態レジスタの情報によって割り込みの状況を判断し，必要な処理を行う．

● 割り込み処理の終了

割り込み処理に伴うコンテキストスイッチによって呼び出された割り込み処理プログラムがその処理が終了すれば，割り込みからの復帰命令を実行する．この命令は，割り込みスタックに対して

$$\text{CPU レジスタ群} \leftarrow POP();$$

を実行して，割り込みスタックのトップに保存されているレジスタ群を回復し，通常の命令実行を再開する．プログラムカウンタも，割り込まれた時点に回復されているため，この再開によって，割り込みによって中断していたプログラムが，その中断時点の状態から実行を再開する．

フォンノイマン機械においては，プログラムは命令の実行を指示することによって，ハードウェアの機能を実行する．これに対して，割り込みは，割り込み状態レジスタの情報を引数として，ハードウェアから特定のプログラムを呼び出す機構と捉えることができる．OSは，この機構を利用して，ハードウェアと協力してシステムを制御し，より強力な計算機システムを実現している．ハードウェアとソフトウェアの関係を図2.3に示す．

2.4 割り込みの種類とOSの構造

　現在の計算機システムは，システムの最適な管理と強力な仮想コンピュータの実現に必要な種々の処理を，その優先度に従って分類し割り込みレベルを割り当て，それら処理を行うプログラムを割り込み処理プログラムとしてハードウェアに登録し，ハードウェアからの割り込み要求に従って，処理を行っている．実際の割り込みの種類には以下のようなものがある．

- タイマ割り込み

　ハードウェアはいくつかの時計を持っている．それら時計に，一定時間ごと，あるいは特定の時刻に割り込みを起こすように設定することができる．タイマ割り込み処理は，これら時計によって起こされる割り込みである．特に，一定の短い間隔で割り込みを起こす**インターバルタイマ**がよく使用される．

- デバイスによる割り込み

　ディスク装置やキーボードなどの各種入出力装置（デバイス）は，計算機ハードウェア (CPU) とは独立に動作する．デバイスによる割り込みは，これらデバイスの要求によって引き起こされる割り込みである．デバイスから CPU への処理要求や各種異常状態の通知，CPU から要求された処理の完了の通知などは，デバイス割り込みによって行われる．例えば，キーボードのキーを押すと，キーボードデバイスは，ハードウェアに対して，押されたキーの情報とともに

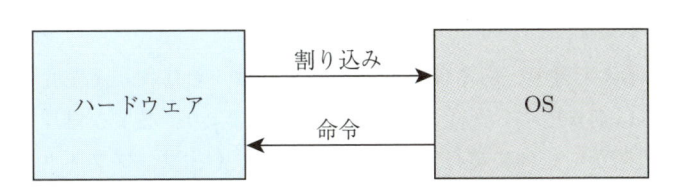

図 2.3　ハードウェアと OS の協調

割り込み要求を出す．また，ディスク装置は，データの読込みや書出しが完了すると，ハードウェアに対して割り込みを発生させ，処理の完了を通知する．

- 各種ハードウェア異常割り込み

ハードウェアが電源異常などの障害を検出したときに，その状況を OS に通知するためにハードウェアが引き起こす割り込みである．通常最高優先度を持ち，割り込みをマスクできない．

- ソフトウェア割り込み

プログラムによる割り込み要求によって作られる割り込みであり，通常，ハードウェア割り込みより低い優先度を持つ．この割り込みは，プログラムが OS の機能を呼び出すために使用される．例えば，OS のハードウェア割り込み処理プログラムが，プロセス固有の入出力の後処理を，他のハードウェア割り込み処理などより優先度の低い処理として実行する場合などに使用される．入出力デバイスの制御などのためのユーザからの OS の機能の呼び出しも，ソフトウェア割り込みとして実現されている場合もある．この点は，後の例外処理でより詳しく扱う．

図 2.4 に示すように，これらの割り込みは，その種類に応じて分類され，割り込みの優先度が決められている．

割り込みレベルごとに，そのレベルに対応する割り込み処理プログラムを呼び出す割り込みディスパッチャが，割り込みベクタに設定されている．**割り込みディスパッチャは，割り込みレジスタに書かれた割り込み情報を分析し，必要な処理を判断し，対応するプログラムを呼び出す．OS 全体は，割り込みディスパッチャから呼び出され，資源の管理や計算機の仮想化などの機能を果たすプログラム群として構成されている．図 2.5 に割り込みディスパッチャを含む OS の構造を示す．

2.3 節で学んだ通り，ある優先度の割り込みは，それより優先度の低い割り込みにさらに割り込んで実行される．この機構により，必要な処理を優先度の応じて非同期かつ並列に実行することができる．OS は，ソフトウェア割り込みを含む割り込み機構を，OS の各種機能の呼び出し機構とし利用することによって，優先順位に応じて必要な処理が自動的に実行されるシステムを実現している．

2.4 割り込みの種類とOSの構造

```
高 ┬─ ハードウェア割り込み処理1     高速・リアルタイム装置等の対応  ┐
   │  ハードウェア割り込み処理2                                     │
   │  ⋮                                                              │ システム全体の処理
   │  ハードウェア割り込み処理n     低速・オフライン装置等の対応  ┘
   ├─ ─ ─ ─ ─ ─ ─ ─ ─ ─ ─ ─ ─ ─ ─ ─ ─ ─ ─ ─ ─ ─ ─ ─ ─ ─ ─ ─ ─     ┐
   │  ソフトウェア割り込み処理1     ハード割り込みの後処理等        │
   │  ⋮                                                              │ ユーザへのサービス
低 ┴─ ソフトウェア割り込み処理k     ユーザの例外処理等              ┘
ユーザレベル                        ユーザプログラムの実行
```

(左端: ハードウェア割り込みレベル / ソフトウェア割り込みレベル, 右端: OSの処理)

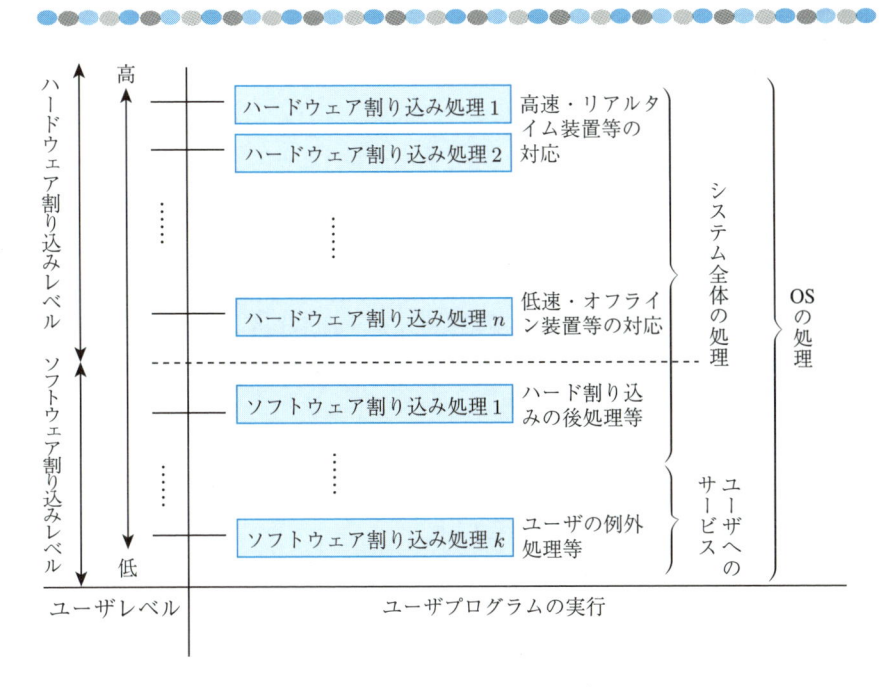

図 2.4 割り込みの種類と割り込みレベル

OSの機能の実現			
障害・異状割り込み処理	デバイス割り込み処理	タイマ割り込み処理	ソフトウェア割り込み処理
割り込みディスパッチャ			
ハードウェア（割り込み要求）			

図 2.5 割り込みのディスパッチ

2.5 例外処理とシステムサービス

例外処理は，割り込み処理と同様，ハードウェアがある特定のプログラムを呼び出す機構である．割り込みが，現在の処理とは独立のより優先度の高い処理を実行するための機構であるのに対して，例外は，現在実行中のプログラムのために，通常の手続き呼び出しでは実現できない特別の処理を実行する機構である．例外事象が発生すると，ハードウェアは，割り込みの場合と同様に現在実行中のプログラムのコンテキストを保存し，例外情報を引数として OS の例外処理機構を起動する．OS の例外処理機構は，例外情報を分析し，その原因に応じた例外処理を行う．

例外処理の対象となる代表的な事象には以下のようなものが含まれる．

(1) 命令実行に伴う例外
- 0 での除算などの算術演算例外
- 結果がレジスタで表現できる値を越えるオーバフロー例外
- 存在しない命令コードを実行しようとしたとき発生する命令コード例外
- 存在しないアドレスや保護されているアドレスをアクセスしようとした時に発生するアクセス例外
- OS にしか使用が許されていない特権命令を実行しようとしたときに発生する特権命令例外

(2) アドレス変換例外

(3) システムサービスの呼び出し

(1) の命令実行に伴う例外は，通常はプログラムやデータのエラーである．このような状況に対処するため，プログラムは**例外ハンドラ**と呼ばれる例外処理プログラムを登録しておく．OS の例外処理機構は，例外に対応して登録されている例外ハンドラを探し，もしあれば例外ハンドラを呼び出すことによって，ユーザプログラムの処理を再開する．もし例外ハンドラが登録されていなければ，ユーザプログラムの異常終了処理を行う．(2) のアドレス変換例外は，仮想記憶システムにおいて仮想アドレスにデータが読み込まれていないときに発生する．この場合，OS の例外処理機構は，仮想記憶管理システムを呼び出す．

2.5 例外処理とシステムサービス

第4章で詳しく学ぶ通り，仮想記憶管理システムは，プログラムのための仮想ページの読込み処理を行い，その後ユーザプログラムを再開する．(3) のシステムサービスは，入出力デバイスの操作や通信チャネルへのデータ送信などの処理を行うための OS の手続きを呼び出す機構である．

これらの例外状態の処理は，ユーザプログラムの異常終了処理や，システムが管理するアドレス変換情報の操作，システム全体の共有資源であるデバイスの操作などの処理が必要であるため，一般のユーザプログラムがそれぞれ勝手に実行すると，資源の競合や，他のプログラムの資源やシステム管理情報の破壊などの不都合を引き起こす．そこで，プログラムに対する処理であっても，これらは OS によって実行されるように制限される．この制限を課すために，近代的なアーキテクチャでは，CPU 命令を一般命令と**特権命令**に分類し，現在の命令実行モードを管理してる．命令の実行モードは，一般のユーザプログラムの実行モードである「ユーザモード」と OS の実行モードである「特権モード」を含む．アーキテクチャによっては，これらモードはさらに階層化されている場合がある．一般命令はすべてのモードで実行可能な命令であるのに対して，特権命令は CPU が特権モードで実行されているときのみ実行可能な命令である．CPU のモードは，**プログラム状態語**と呼ばれる CPU の特別のレジスタに設定されており，割り込みおよび例外に伴うコンテキストスイッチによってのみ書き換えられる．割り込み処理および例外処理を行うプログラムに対しては，プログラム状態語の初期値が特権モードに設定されている．この機構によって，OS のプログラムである割り込み処理と例外処理のみが，特権モードで実行される．例外処理機構は，ユーザプログラムが，特権モードで行う OS の処理手続きを呼び出す機構である．

例外処理と割り込み処理を実現するためのハードウェアの機能は，コンテキストスイッチを伴う処理プログラムの呼び出しであり，同一である．そのため，例外を割り込みと同一と見なし，同一のハードウェア機構で実現している場合もある．しかし，上記のような違いを理解し，システム両者を区別して扱うと，OS の機能がより明確になるばかりか，より効率のよい処理が実現できる場合が多い．例えば例外はプログラムに対するサービスであるため，システム全体の固定的な優先度に従って処理されるべきものではなく，プログラムの優先度に従って管理され，プログラムに与えられた資源を使って処理されるのがより

合理的である．この観点から，アーキテクチャによっては，例外と割り込みのハードウェア機構を区別し，例外のコンテキストは，システムの重要な資源である割り込みスタックではなく，関数呼び出しと同様プログラムを実行しているプロセス固有の領域に用意されたスタックに保存される機構も提案され実現された．この方式では，例外処理中も，割り込みやそれに伴うプロセスの切り替えを自由に行うことができ，より応答性の高いシステムの実現が期待される．

問題

確認問題

1. OS の役割を，資源管理者としての視点，および，ユーザへの仮想コンピュータの提供の視点から述べよ．
2. ハードウェアの仮想化および仮想コンピュータの概念を説明せよ．
3. OS が管理の対象とするシステム資源の主なものを三つ挙げ，それらを管理するOS のコンポーネントを指摘せよ．
4. 割り込みの役割を説明せよ．
5. コンテキストスイッチとは何か説明せよ．
6. 割り込み処理を実現するためのハードウェア機能を記述せよ．
7. 割り込みの種類を列挙し，それぞれの割り込み処理の概要を記述せよ．
8. 割り込みディスパッチャの役割は何か．
9. 例外と割り込みの違いは何か．
10. 例外の種類を列挙し，それぞれの例外処理の概要を記述せよ．
11. システムサービスについて説明せよ．
12. システムサービスを関数呼び出しではなく例外として実現している理由は何か．
13. ユーザモードと特権モードの役割を説明し，ユーザモードから特権モードに切り替わる仕組みを記述せよ．

演習問題

1. スタックは，割り込み処理のように幾重にも入れ子になった処理を実現するためのデータ構造である．1.2.4 項で学んだポインタで表現された木構造が与えられたとき，その木を
   (a) ルート
   (b) 左部分木
   (c) 右部分木

の順たどって得られる文字列を印字するプログラムを,スタックとループを使って記述せよ.スタックの操作には,以下の関数を用いよ.
- pop(): 　　スタックをポップしその要素を返す関数
- isEmpty(): スタックが空かどうかのテストし結果を返す関数
- push(v): 　値 v をスタックにプッシュする関数.

プログラムは,C や Standard ML など,適当なプログラミング言語の文法を使用せよ.

2　以下の概念を用いて割り込み処理の流れを記述せよ.
- 割り込みの優先度
- 割り込みのマスク
- 割り込みベクタ
- 割り込み状態レジスタ
- 割り込むスタック

第3章

プロセッサの管理

　前章で学んだ通り，近代的な計算機システムでは，すべての処理は，命令列として表現されたプログラムを実行することによって行われる．プロセッサ (CPU) は命令を実行するハードウェアであり，計算機システムの最も重要な資源である．本章では，OS が行うプロセッサの管理を学ぶ．

3.1 プロセッサ管理の目的

ユーザプログラムは命令列として用意され，通常システムに一つ存在するプロセッサ (CPU) によって実行される．前章で学んだ割り込み機構は，ユーザプログラムに割り込み，システム全体に関わる緊急な処理を行う機構であり，割り込みを終了すると，割り込まれたプログラムが再開される．したがって，この機構のみでは，割り込みの処理を除き，一つのユーザプログラムがその開始から終了まで CPU を独占してしまうことになる．

このような状況はコンピュータの管理者にとって好ましいことではない．例えば，エディタプログラムを使って報告書を書いている場合を考えると，キーボードで次の文字を入力する間は，プログラムにとって待ち時間となるため，起動されているエディタプログラムの大部分は待ちの状態となっている．この間は CPU 資源を無駄にしているばかりか，他のユーザの実行要求を受け付けられず，また，ディスクなどの他のデバイス資源を利用しようとしているプログラムの実行が待たされることから，結果的に，デバイスやメモリ資源の利用率も低下してしまう．

各ユーザが，システム内の他のユーザの存在を考慮し，キーボード入力待ちのときには他のプログラムを起動するような処理を明示的に書けば，この問題はある程度解決するであろう．しかし，ユーザがシステム内の他のプログラムの存在に考慮したプログラムを書くのは困難である．ユーザの観点からは，他のユーザのことを考慮せずにいつでも使用できる，ユーザ固有のプロセッサが与えられている環境が望ましい．

OS のプロセッサ管理も，2.1 節で学んだ OS の二つの役割である最適な管理および高度な仮想コンピュータの提供の二つの側面を持つ．資源の管理者としては，

- CPU の利用率の向上
- 多数のユーザへのサービス
- デバイスなどを利用するプログラムの最適な実行

が実現できるように，複数のユーザからの様々な処理要求に対して実際の CPU

を動的に割り当てる必要がある．一方，仮想コンピュータの提供者として，OS は

- ユーザプログラムが専用して使用でき，
- 他のユーザプログラムと独立に実行可能

などの性質を持つ仮想的な CPU を提供できるのが望ましい．この二つの側面を図 3.1 に示す．OS のプロセッサ管理の目的は，このプロセッサ資源の最適な利用とユーザへの使いやすい仮想プロセッサの提供の両方を実現することである．

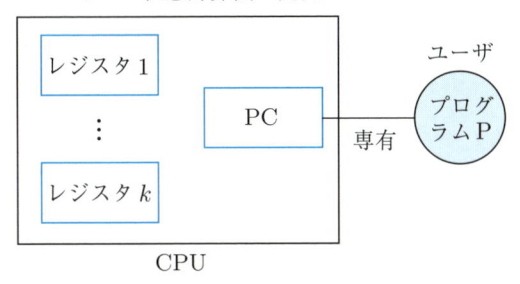

図 3.1　CPU の管理と利用

3.2 プロセスの考え方

プロセッサ管理の目的を実現のために考え出された概念が，**プロセス**である．プロセスの概念を理解するために，我々が日常行っている仕事を振り返ってみよう．我々は，学校や職場で，いろいろな処理を実行している．例えば本書を学んでいる大学生にとっては，次のようなものが含まれるかもしれない．

- 「計算機システム概論」の授業に出席する．
- 「哲学概論」の宿題をする．
- TOEFL のために英単語の勉強をする．
- 体力をつけるためにジョギングをする．

我々は日常，これら多く処理を並行して実行しなければないが，ある時点では，その中のどれかの一つのことにしか集中できない．そこで我々は，これらそれぞれの処理をひとまとまりの「仕事」ととらえ，それぞれの仕事について必要な本や道具を準備し，さらに，仕事を中断したり再開したりできるように，これまでに何をどこまで実行したかなどの情報を記録しているはずである．例えば，英単語の勉強には，ボキャブラリの参考書の現在のページや，チェックテストで間違えた単語のリストなどを記録したノートを管理しているであろう．我々は，これら数多くの種類の異なる仕事のリストを管理し，時間や体力のバランスを考え，それぞれが要求する条件や重要性に応じてスケジュールし，日々過ごしているはずである．例えば，ジョギングや英単語の勉強は空いている時間に行えばよいが，授業は決まった時間に受けなければならず，また，宿題は締め切りに間に合わせなければならない．このような仕事の整理やスケジュールの管理がうまくいけば，種々の処理を効率よくこなし，それぞれの目的を達成することができる．

計算機システムも同様の状況にある．システムには，実行すべき多数のプログラムが存在し，それらを並行して実行していかなければ，最適なシステムは実現できない．そこで OS のプロセッサ管理は，我々が日常生活で種々の処理を「仕事」として管理するように，複数のプログラムの実行状態を管理しなければならない．プロセスとは，この目的のために，1.2 節で学んだデータのコー

ド化の考え方に従い,「実行中のプログラム」をデータで表現でしたものである.OS のプロセッサ管理は,図 3.2 のように,現在並行に実行しているプロセスの集合を管理し,システムの状況やプログラムが実行する処理の性質に応じてプロセスに動的に CPU を割り当てることによって,最適なプロセッサの利用を実現している.

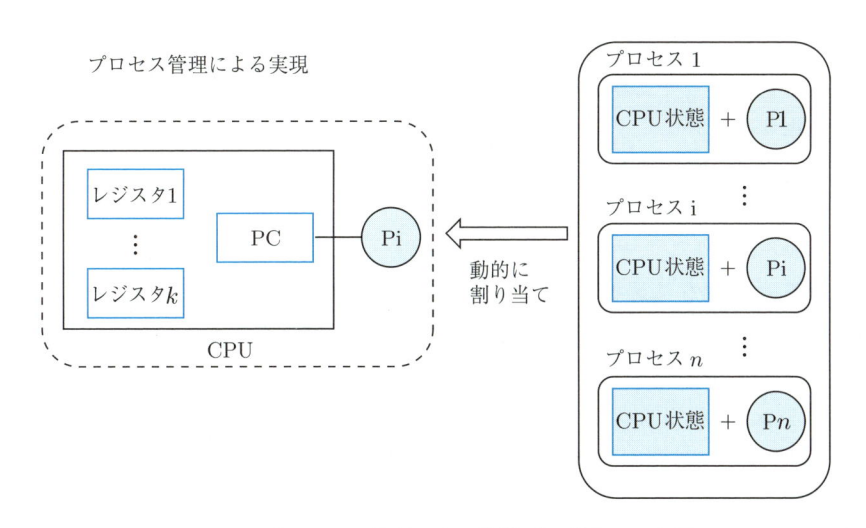

図 3.2　プロセッサ管理による複数プログラムの実行

3.3 プロセスの実現方法

「実行中のプログラム」をデータで表現するためには，プログラムを実行しているコンピュータの状態とプログラムの属性を記録すればよい．

まずプログラムを実行しているコンピュータの状態を考えてみよう．1.4 節で学んだ通り，フォンノイマンアーキテクチャに基づくコンピュータでは，プログラムは CPU によって実行される命令の列である．CPU は，プログラムカウンタの指す命令を順番に実行し続ける機械である．図 3.3 に，CPU によるプログラムの実行状態を示す．各命令は，CPU の各種レジスタの状態を変化させるだけの単純な処理を行う．これらレジスタの値が同じであれば，同じメモリ状態に対して，命令は全く同一の動作する．したがって，プログラムの実行状態は，CPU がプログラムの実行のために用意している各種レジスタの値で決定される．

ユーザプログラムが使用する CPU レジスタには以下のものがある．

- プログラムカウンタ (PC)
  現在実行中のプログラム位置，すなわち次に実行する命令のアドレスを保持しているレジスタである．
- 汎用レジスタ
  プログラムが，種々の値を一時保持したり，演算を実行したりするために使用するレジスタである．
- 浮動小数点レジスタなどの特別な用途のために用意されたレジスタ
  CPU は，数値演算やマルチメディアデータ処理などの複雑な処理を，特別な演算装置で実現していることが多い．そのような特別な演算装置が使用するレジスタである．
- アドレス変換用レジスタ
  CPU がメモリ空間を実現するためのレジスタである．この詳細は，第 4 章で学ぶ．
- プログラム状態レジスタ
  プログラムの実行モード（特権モードか否か）や命令の実行結果に関する状

態などを記述したレジスタである．

　これらレジスタの値をすべて保存すれば，プログラムの実行状態を保存できる．保存されたレジスタの値を CPU のレジスタに書き戻せば，プログラムの実行状態が復元され，実行が再開される．これらレジスタは，プロセスを実行するための文脈と言う意味で，**プロセスコンテキスト**と呼ばれる．

　プログラムの属性は，プログラムが実行する仕事の性質に関する情報である．我々が仕事の性質を把握しているのと同様に，OS のプロセッサ管理は，以下のようなプログラムの属性情報を管理している．

- 使用中の資源

　プログラムが使用している資源の記述である．我々が，仕事で使用している資源，例えば図書館から借りた本などを管理し，仕事が終了したら返却などの処理を行うように，計算機システム内で実行されているプログラムに対しても，これら情報を管理し，プログラムの終了時に後処理を行う必要がある．プログ

プロセス管理のないプログラムの実行

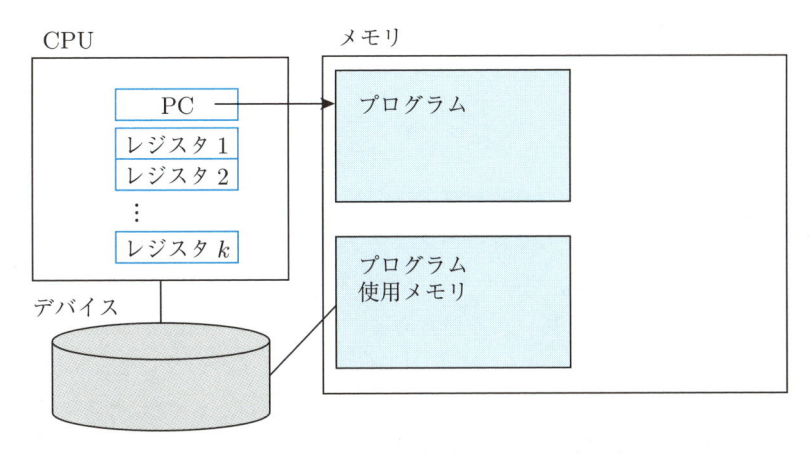

図 3.3　CPU によるプログラムの実行

ラムが使用する資源には以下のようなものがある．
- オープンしているファイル
- 作成した子プロセス
- 生成した通信ポート

● プログラムの実行属性

プログラムを実行する上での要求や制約の記述である．我々が多数の仕事をその優先順位や締め切りなどの制約条件の下でスケジュールするように，システムもプログラムの実行に関する制約や要求によってプロセッサの割り当てを行う．プログラムの属性には以下のようなものが含まれる．
- 実行優先度
- 終了期限
- リアルタイム処理などの制約

● プログラムの実行履歴

これまでのプログラムの実行に関する統計情報などである．以下のようなものがある．
- 使用した CPU 時間
- 入出力要求回数
- メモリ使用状況

プログラムの実行属性とともに，プロセスのスケジュールなどの際に使用される．

プロセッサ管理は，これらのプログラムの属性情報を利用し，並行して実行される多数のプログラムの最適な管理を行う．

計算機システムの中での実行中のプログラムを表すプロセスの実体は，実行中のプログラムに対して，プロセスコンテキストとプログラムの属性情報をデータとして表現し，名前を付けたものである．このデータ構造を，**プロセス管理ブロック**（Process Control Block，**PCB**）と呼ぶ．OS のプロセッサ管理は，ユーザからのプログラム起動要求があると，PCB を作成し，プロセスコンテキストの初期値およびプログラムの属性情報を書き込む．この処理によってプロセスが生成される．以降このプロセスは，PCB に付けられた名前で管理される．

3.4 プロセスコンテキストスイッチ

プログラムの実行をプロセスとして管理し，その優先度や性質に応じて動的にCPUを割り当てることにより，多数のプログラムを同時に並行して実行させることができる．この制御を行うプログラムが，**プロセススケジューラ**[*1]である．

プロセススケジューラは以下のような処理を行い，実行中のプロセスを切り替える．

(1) プロセスを切り替えるきっかけとなる事象に対応する割り込み処理から呼び出される．このとき割り込まれたプログラムが，現在CPUが実行中のプロセスである．

(2) プロセスの切り替えが必要と判断すると，割り込まれた時点のプロセスコンテキスト，つまり現在のCPUレジスタの内容を，割り込まれたプロセスのPCBに保存し，プロセスの実行を中断する．

(3) 次に実行するプロセスを選びだし，そのプロセスのPCBに保存されたプロセスコンテキストを取り出し，そのプロセスが割り込まれた状態を作り出す．

(4) 割り込み処理を終了し，プロセスの実行を再開する．

上記の処理によるプロセスの切り替えを，**プロセスコンテキストスイッチ**と呼ぶ．

プロセスコンテキストスイッチは，2.3節で学んだ割り込みのためのコンテキストスイッチと共通な部分もあるが，以下の重要な違いがある．

- 割り込み処理プログラムが使用するCPUレジスタ集合を，プロセスコンテキストと区別して，**割り込みコンテキスト**と呼ぶ．割り込みコンテキストは，割り込み処理を実行するために必要なレジスタに限定される．例えば，浮動小数点演算のためのレジスタやプロセス固有のメモリ空間のためのアドレス変換レジスタなどは含まれず，また汎用レジスタを多く持つアーキテクチャでは，その数も制限される．これに対してプロセスコンテキスト

[*1] 英語ではprocess schedulerである．schedulerは，英語の発音に即しても，スケジュールする者という意味の日常語としても，スケジューラーと記すのがより適切であるが，本書ではJIS用語に従い，スケジューラと書くことにする．

は，プログラムの実行のために CPU に用意されたすべてのレジスタを含む．そのため，プロセスコンテキストスイッチは，割り込みに伴うコンテキストスイッチより時間のかかる処理である．特に，第 4 章で学ぶメモリ管理用のレジスタの切り替えは大きなコストを伴う．

- 割り込みコンテキストスイッチでは，コンテキストの保存先は，システムに一つ用意された**割り込みスタック**であるが，プロセスコンテキストの保存先は，そのプロセス専用に割り当てられた PCB である．
- 割り込み処理を実行するプログラムは，割り込みレベルに対して一つ固定され，あらかじめ決められた事象によってハードウェアによって開始される．これに対して，プロセスはいくらでも作ることができ，その呼び出しは，プロセススケジューラが自由に行うことができる．
- 割り込みでは，割り込まれた順の逆順にプログラムの実行が再開されるのに対して，プロセスコンテキストスイッチでは，プロセスの再開は，プロセススケジューラの制御に委ねられる．

　ユーザからみると，割り込み処理プログラム群は，コンピュータハードウェアと一体としてシステム全体の管理を行い，高機能な仮想コンピュータをユーザに提供する計算機システムの一部である．プロセスは，そのようにして実現される仮想コンピュータで実行されるプログラムに相当する．プロセススケジューラは，図 **3.4** に示すように，割り込み処理とプロセスの中間に位置し，割り込み処理からプロセスに戻るときに，必要に応じてプロセスの切り替え処理を行う．このプロセス切り替え処理を，割り込み処理の流れの中で，詳しくみてみよう．

　システムの割り込み処理プログラムは，プロセスの切り替え事象を検出すると，割り込み処理を終了しプロセスに戻る前にプロセススケジューラを呼び出す．プロセススケジューラはプロセスの切り替えが必要と判断すると，システムが管理している PCB のリストから，次に実行すべきプロセスを一つ選出する．この時点で，プロセススケジューラは，現在 CPU で実行中の，つまり今回の割り込み処理で割り込まれたプロセスと，新たに選出されたプロセスの二つを保持している．プロセススケジューラは，これら二つのプロセスコンテキストの切り替えを行う．説明のために，前者を「現プロセス」，後者を「次プロセス」と呼ぶことにする．プロセスコンテキストは，割り込みコンテキスト

3.4 プロセスコンテキストスイッチ

と，割り込みコンテキストに属さないプロセスコンテキストからなる．ここでは，後者をプロセス固有のコンテキストと呼ぶことにする．

次プロセスのPCBには，そのプロセスが割り込まれたときの割り込みコンテキストが，プロセス固有のコンテキストと一緒に保存されているはずである．一方，現プロセスの割り込みコンテキストは割り込みスタックに一時保存されており，プロセス固有のコンテキストはCPUレジスタに保持されている．プロセススケジューラはまず，プロセス固有のコンテキストに属するCPUレジスタを現プロセスのPCBに保存した後，次プロセスのPCBに保存されていプロセス固有のコンテキストをCPUレジスタに読み込む．この処理によって，

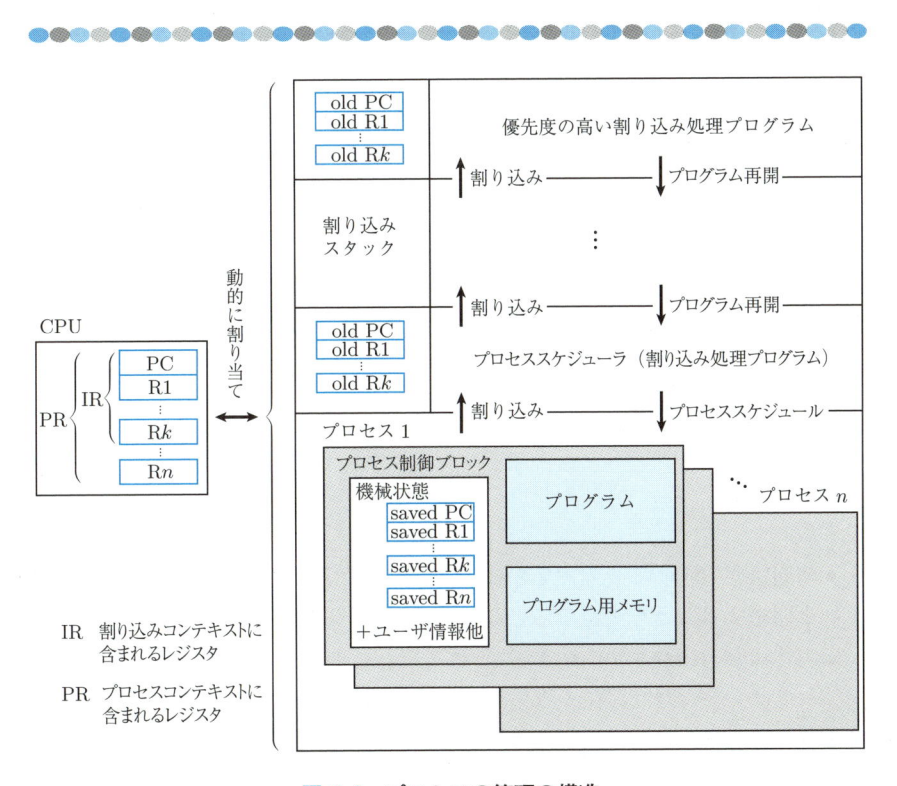

図 3.4 プロセスの管理の構造

プロセス固有のコンテキストは切り替えられたことになる．次にプロセススケジューラは，割り込まれたプロセスに戻る直前に，割り込みスタックに保存されている現プロセスの割り込みコンテキストをそのプロセスのPCBに保存した後，その割り込みスタックの内容を次プロセスのCPUに保存されている割り込みコンテキストの内容に書き換える．この処理によって，現プロセスのプロセスコンテキストはすべてそのPCBに保存されるとともに，次プロセスのプロセスコンテキストが復元され，さらに，そのプロセスが実行中に現在の割り込が起こった状態となる．この後，割り込み終了命令を実行すると，次プロセスの実行が再開される．

3.5 プロセスの状態遷移

　前節で学んだプロセススケジューラによるプロセスの切り替えは，実行可能な状態にあるプロセスに動的にCPUを与える処理である．この処理によって，新たにCPUを与えられたプロセスは，「実行可能な状態」から「実行状態」に遷移したとと言える．このように，プロセススケジューラの処理を，システム内の**プロセスの状態遷移**を制御するプログラムと見なすと，プロセスプロセススケジューラの機能とシステム全体のプロセッサ管理の状態がより理解しやすくなる．

　我々の日常の仕事が，その開始から完了までの間にいろいろな状態を取りうるのと同様に，プロセスも，その生成から消滅にいたるまでいろいろな状態を取りうる．プロセッサ管理の観点からみたプロセスの状態は以下のように要約できる．

- 初期状態 (New)：プロセスが作成され，まだ実行されていない状態．仕事を開始することを決定し，その準備をしている段階に相当する．
- 実行状態 (Run)：プロセスがCPUで実行中の状態．CPUが一つのシステムでは，一つだけ存在する．実際にその仕事に取り組んでいる状態である．
- 実行可能状態 (Ready)：実行可能であり，CPUが与えられるのを待っている状態．例えば日常の生活において，他の仕事のために現時点では実行していないが，時間ができたらやらなければならない仕事に相当する．
- 待ち状態 (Wait)：事象（入出力処理の完了やシグナルの受信など）を待って

いる状態．事象が発生するまで再開できない．例えば日常の仕事において，注文した道具の到着や相手からの返事などを待っている状態に相当する．
- 終了状態 (Terminated)：終了処理中の状態．

プロセスは，これら状態間の遷移を繰り返すオブジェクトと見なすことができる．図 3.5 にプロセスの状態の遷移を示す．

これら状態遷移を引き起こす事象とそのときのプロセススケジューラの処理は以下の通りである．
- プロセスの生成（①）

ユーザによるプログラム起動要求や，既存のプロセスによる子プロセスの生成要求があると，プロセススケジューラは，以下の処理を行いをプロセスを生成する．
  (1) PCB の作成
  (2) ユーザ情報の設定
  (3) 起動プログラムの準備
  (4) メモリやディスク使用量などのシステム資源の付与

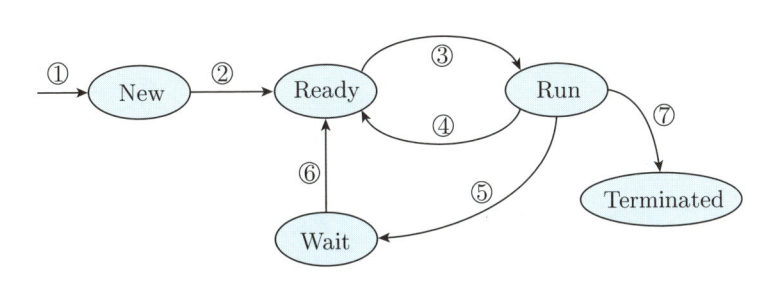

① プロセスの生成
② 実行可能状態に設定
③ プロセス選出，CPU の付与
④ プロセスの CPU を奪取 (preemption)
⑤ IO 要求等
⑥ IO 要求等の事象完了
⑦ プログラム終了・キャンセル

図 3.5　プロセスの状態遷移の概要

(5) プロセスコンテキストの初期値を PCB に設定
- 実行可能状態に設定（②）
プロセス生成処理を完了すると，プロセススケジューラは，プロセスを実行可能状態に設定する．
- プロセスの選出，CPU の付与（③）
現在実行中プロセスが
    - 入出力要求などの待ちのため CPU を放棄（遷移⑤），
    - 終了（遷移⑦），
    - 与えられた1回の CPU 割り当て時間を使いきる（遷移⑥）

などの理由で不在となったときに，プロセススケジューラによって選出された実行可能状態プロセスの遷移である．プロセススケジューラは，実行可能状態のプロセスから一つを選出し，そのプロセスへのコンテキストスイッチを実行する．
- プロセスの CPU を奪取（プリエンプション，preemption）（④）
実行中のプロセスが，連続して実行できる CPU 時間を使いきったとき実行される遷移である．プロセススケジューラは，CPU 時間の使い切りを検出したタイマ割り込みから呼び出され，現プロセスのプロセスコンテキストを PCB に保存し，そのプロセスを実行可能状態にする．この遷移は，プロセスの選出，CPU の付与（③）と同時に行われる．
- 待ち事象の発生（⑤）
実行中プロセスが入出力要求や他プロセスとの同期要求，wait システムサービス要求，オペレータによるプロセスの一時停止（サスペンド）などによって実行の継続ができなくなったときに起こる遷移である．プロセススケジューラは，現プロセスのコンテキストを PCB に保存し，プロセスを事象待ち状態にセットする．この遷移は，プロセスの選出，CPU の付与（③）と同時に行われる．
- 待ち事象の解消（⑥）
入出力処理の完了，同期対象のプロセスからのシグナルの受信，wait 要求時間の経過などにより，プロセスの待ち状態が解消されたときの遷移である．プロセススケジューラは，プロセスを実行可能状態にする．

- プロセスの終了（⑦）
プロセスが実行しているプログラムの終了などによってプロセスが終了する遷移である．プロセススケジューラは，プロセスによって実行途中であった入出力要求などの後処理をした後，プロセスに割り当ててあったメモリなどのシステム資源を解放し，プロセスPCBを解放する．この遷移は，プロセスの選出，CPUの付与（③）と同時に行われる．

3.6 プロセススケジューリング

プロセススケジューリングとは，プロセッサ管理が，上記のプロセスの状態遷移を通じて，プロセッサをプロセスに最適に割り当てる処理である．その最も重要な処理は，図3.6 の④の「プロセスからのCPUの奪取」と③の「実行プロセスの選出」である．それ以外の状態遷移は，入出力要求やオペレータの指示など，選択の余地のない事象を契機として引き起こされ，そのときにすべき手順も決まったものである．これに対して，現在実行中のプロセスからのCPUの奪取および，現在の使用プロセスが不在となりCPUが使用可能となったと

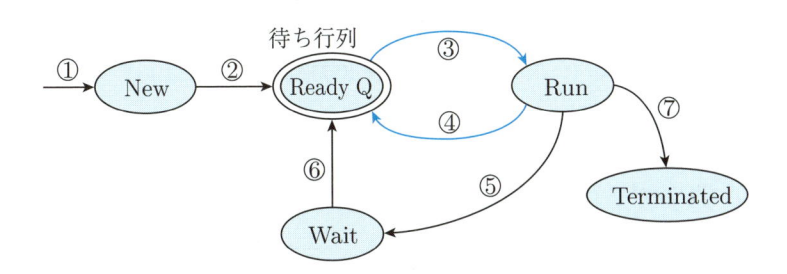

③ プロセス選出，CPUの付与　⇒　このステップの実行がプロセス
④ CPUの奪取 (preempt)　　　　スケジューリングの主な仕事

図 3.6　プロセスの管理の中核

きの次の実行プロセスを選択する処理には，機械的な手順は存在しない．プロセススケジューラの主な仕事は，これら二つの遷移を最適に実行する戦略を定め，システム全体を最適に保つことである．

プロセススケジューラは，**タイムスライス**とプロセスの**プリエンプション**の二つの仕組みを使って「プロセスからの CPU の奪取」の遷移を実現し，**プロセスの優先度**と**待ち行列**の二つの仕組みを使って「実行プロセスの選出」の遷移を実現する．

3.6.1　タイムスライスとプリエンプション

割り込み主導のフォンノイマン型の CPU は，割り込みが発生しない限り，現在のプログラムを実行し続ける．プロセスにいったん CPU が与えられると，そのプロセスは，入出力の完了待ちや他のプロセスからのシグナル待ちなどの理由によって実行が継続できなくなる場合を除き，自ら CPU を放棄することはない．したがって，入出力処理などを必要とせず，計算をし続けるプログラムを実行するプロセスは，いったん CPU が与えられると，そのプログラムが終了するまで CPU を使用し続けることになる．例えば暗号解読のための因数分解を行うプログラムは，数時間あるいはそれ以上計算をし続けようとするかもしれないし，プログラムの作り方によっては何日経っても終了しないかもしれない．このようなプロセスは，その実行が CPU 資源によって押さえられるという意味で，**CPU 制約** (CPU bound) のプロセスと呼ばれる．これに対して，外部装置とのやり取りが主なプロセスを**入出力制約** (IO bound) のプロセスと呼ぶ．

CPU 制約のプロセスは，たとえそのプロセスの処理の優先度が低い場合でも，いったん CPU が与えられると，そのプログラムが終了するまで CPU を独占してしまい，その間優先度の高い処理が実行できず，その結果，CPU の使用効率は高いもののシステムの応答性や外部装置の利用率などを含むシステム全体の能力を低下させてしまう恐れがある．このような状況を避けるために，ある程度時間が経過したら，自ら CPU を放棄しない CPU 制約のプロセスから CPU を奪い取る仕組みが必要となる．この処理を**プリエンプション** (preemption)[*2] と

[*2] preempty とは，相手より先に権利の取得といった意味あいを持つ経済や軍事戦略上の用語である．例えば，"preemptive strike" は先制攻撃を意味する．

呼び，この CPU 奪取処理を含むスケジューリングを**プリエンプトスケジューリング**と呼ぶ．

プリエンプションを実行するためには，一つのプロセスが一定の時間 CPU を使用したら，プロセススケジューラに制御を渡す必要がある．この目的のために，プロセススケジューラは，プロセスが連続して使用できる CPU 時間を管理している．この時間単位を，英語で「分け与えられたパンやピザの一切れ」などの語感を持つ単語 slice を使い，**タイムスライス** (time slice) と呼ぶ．

OS は，一定時間ごとに割り込みを起こすように**インターバルタイマ割り込み**をセットしている．タイムスライスは，このインターバルタイマ割り込みの間隔を単位とする値として定義されている．各プロセスの PCB は，タイムスライスを使いきったときにゼロになるカウントダウンタイマとして動作するフィールドを持っている．このフィールドは，プロセス生成時に，タイムスライスの値にセットされ，プロセスが入出力要求などによって自ら CPU を放棄する度に，タイムスライスの値にリセットされる．インターバルタイマ割り込み処理は，実行中プロセスのタイムスライスの残りを 1 カウントダウンし，もしその結果がゼロになったら，プロセススケジューラを呼び出す．この機構によって，プロセスがタイムスライスを使いきると，プロセススケジューラが呼び出され，プロセスのプリエンプションが実行される．

タイムスライスの値は，システム構成時に決められるチューニングパラメータである．この値が大きすぎるとシステムの応答性などが悪くなる恐れがあり，逆にこの値が小さすぎると，頻繁にプロセスコンテキストスイッチが起き，それに伴うシステム管理による無駄（オーバヘッド）が多くなる．

3.6.2　待ち行列と実行優先度

プロセススケジューラは，タイムスライスの管理によって，少なくともタイムスライス以内に呼び出され，実行可能なプロセスの集合から一つのプロセスを選びだし，プロセスの切り替えを行う．この実行可能なプロセスの集合から一つのプロセスを選びだす処理が，プロセススケジューラの最も重要な仕事である．この実行のために，プロセススケジューラは，実行可能なプロセスに何らかの順序を付け，実行可能なプロセス集合をその順序に従った**待ち行列**（キュー，queue）として管理する．この待ち行列は，実行可能状態のプロセスの待ち行

列なので，**実行可能待ち行列**（Ready キュー）と呼ばれる．この実行可能待ち行列の適切な管理が，システム全体の性能を決定する上で重要な要素となる．

実行可能待ち行列の管理方式で最も簡単なものは，図 3.7 のようにシステム全体に一つの待ち行列を用意し，プロセスが実行可能状態に遷移したら，そのプロセスを実行可能待ち行列の末尾に追加し，次に実行すべきプロセスは，この待ち行列の先頭のプロセスとする方式である．このような待ち行列は，先に待ち行列に入ったものが必ず先にでてくることから，**FIFO キュー**（First-In-First-Out キュー）と呼ばれる．また，この方式の下では，複数の CPU バウンドのプロセスが存在する場合，それらプロセスは，周期的に順番に CPU が与えられるため，このスケジューリングポリシーを，**ラウンドロビンスケジューリング**と呼ぶことがある．

CPU を最大限に利用するだけが目的であればラウンドロビンスケジューリングのような単純なスケジュール方式でも十分であるが，種々の資源を持ち複数の処理を行うシステムでは，システム全体の性能を最大化するためのより精密なスケジューリング戦略が必要となる．例えば，対話型処理では，リクエストから最初の応答があるまでの応答時間の短さが重要となため，ターミナルからの入力を待つプロセスは，計算を行うプロセスより優先して処理する必要があるであろうし，リアルタイム処理を行うプロセスに対しては，センサーからの入力が失われたりするのを防ぐために，できる限りプロセスの切り替えを避ける必要があるであろう．これらシステムの種々の要求に応じたプロセススケジューリングを実現するための現実的でかつ効果的なスケジューリングポリシーが，優先度を用いたプロセスの選出である．

優先度を用いたプロセスの選出を実現する一つの方法は，プロセスの特性に応じて優先度を定め，図 3.8 のように，各優先度 p ごとに実行可能待ち行列 Q_p を設けることである．プロセスの優先度が決定できれば，プロセスの実行可能状態への遷移は，実行可能状態になったプロセスを，そのプロセスの優先度 p に対応する実行可能待ち行列 Q_p の末尾に追加することによって実現でき，実行状態への遷移に伴う実行可能なプロセスの選出は，空でない実行可能待ち行列の中で最も優先度の高いものの先頭のプロセスを取り出すことによって簡単に実現できる．

3.6 プロセススケジューリング

図 3.7　ラウンドロビンスケジューリング

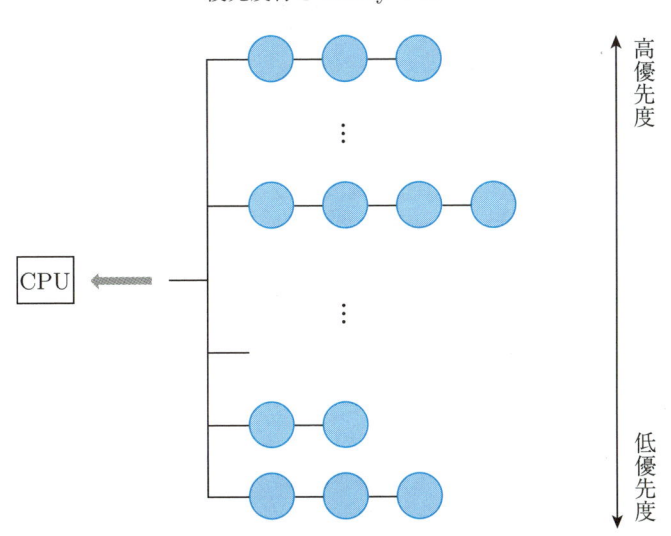

図 3.8　優先度付き実行可能待ち行列

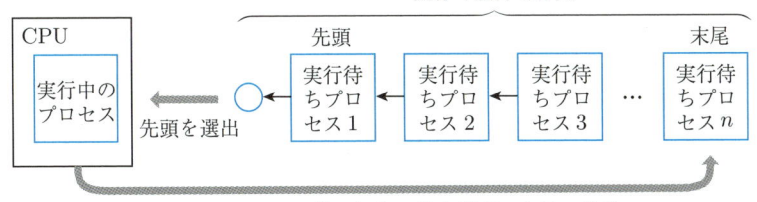

この方式の利点は，プロセスの最適な選出のための基準を，優先度という一つの数値に要約して表現している点である．これによって，システムに多数存在する実行可能プロセス集合から次に実行すべきプロセスを最適に選択する，という複雑な処理を，最も高い優先度を持つ待ち行列の先頭を取り出すという単純な操作で実現できる．この方式を実現するための課題は，各プロセスの優先度をプロセスの振る舞いに応じて適切に決めることである．プロセスの優先度は，システム全体のプロセス集合の中で他のプロセスと比較して相対的に妥当でなければならない．

プロセスの優先度を決める第一の基準は，プロセスが行う処理によって決まっているプロセスの属性である．プロセススケジューラは，通常，以下の属性を区別する．

(1) リアルタイムプロセス
(2) バッチ処理プロセス[*3]
(3) 一般のプロセス

リアルタイムプロセスは，変化に即時に対応する必要があるセンサーや機械などを実時間で制御するようなプロセスである．この性質から，これらのプロセスは，必要なときに継続して実行する必要がある．したがって，リアルタイムプロセスには，他の種類のプロセスより高い優先度が与えられ，プリエンプトしないスケジューリングが行われる．バッチ処理プロセスは，システムのバックアップを行うなど，空き時間に実行すればよいが時間のかかる処理を行うプロセスである．これらの処理は，他の種類の処理より低い優先度が与えられ，他の処理要求があれば，プリエンプトされる．この性質から，これら二つの種類のプロセスに対しては，プロセス生成時に固定的な優先度が与えられる．

それ以外の一般のプロセスに対しては，プロセスの舞いに従い優先度を決定する必要がある．その重要な基準は，プロセスが入出力制約かCPU制約かである．一般に，入出力装置はCPUの速度よりも格段に遅いため，入出力制約プロセスは，大部分の時間を入出力処理完了待ちの状態で過ごすはずである．このようなプロセスに対しては，入出力処理が完了し実行可能になったら，なるべく早くCPUを与え，次の入出力要求が出せるようにスケジュールするのが

[*3] バッチ (batch) とは一纏めにしたもののことである．バッチ処理とは，歴史的には，共有大型計算機システムにて，仕事の要求を順番に処理していく形態を指す言葉であった．

合理的である．そうすることによって，CPU をあまり占有することなく，入出力制約のプロセスの処理効率，入出力装置の稼働率，さらに，システムの応答性を高めることができる．このような戦略を実現するためには，入出力制約プロセスに，CPU 制約プロセスより高い優先度を与えればよいことになる．しかしながら，入出力制約という性質は相対的なものであり，かつ，プログラムの進行に従って変化していく．例えば，データを分析するプロセスは，データの読込み時は入出力制約の振る舞いを示し，データを読み込んだ後のデータ分析のための数値計算を実行中には CPU 制約の性質を示すであろう．したがって，優先度という単純な尺度でスケジューリング行うためには，プログラムの実行とともに変化するプロセスの振る舞いに対応して，動的かつ相対的に優先度を算出する必要がある．

　この課題を実現する一つの方法に，「フィードバック付きマルチレベル待ち行列」がある．この方式では，図 3.9 に示すように，リアルタイムプロセスとバッ

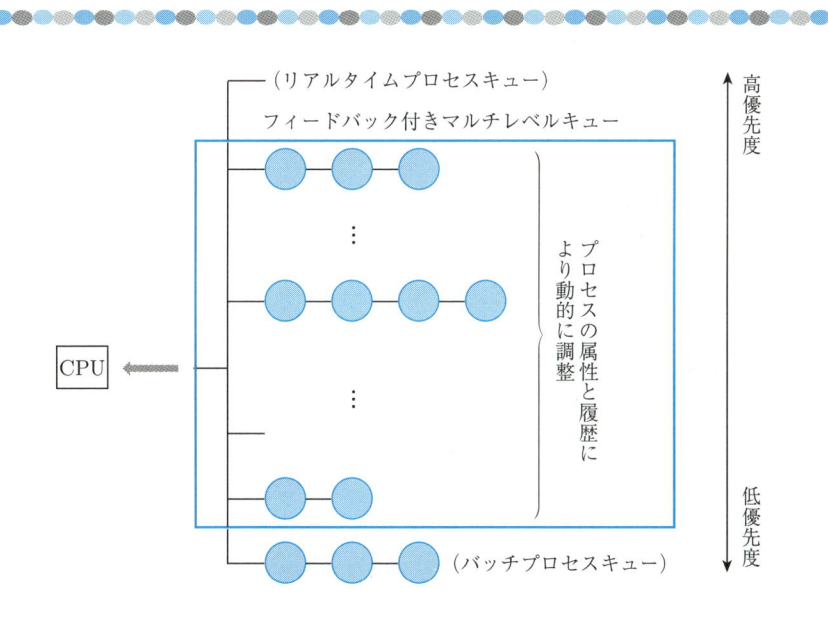

図 3.9　フィードバック付きマルチレベル待ち行列

チ処理プロセスのように性質が固定されたプロセスには固定的な優先度を割り当て，それらを除く一般のプロセスに対しては，個々のプロセスの振る舞いを動的に推定し優先度を動的に決定することを試みる．優先度の算出方式としては，以下のような戦略が考えられる．

- プロセスが，n 回入出力処理要求を出し待ちとなったら，優先度を 1 段階上げる．
- プロセスが k 回タイムスライスを使いきったら優先度を 1 段階下げる

ここで，n と k はチューニングパラメタである．この方法は，プロセスが入出力制約であるか CPU 制約であるかを，入出力処理要求およびタイムスライスの使い切りをヒントに推定するものである．複雑な統計情報の収集などを必要とせず，さらに，実行しているプログラムのフェーズによって入出力制約と CPU 制約が変化するようなプログラムにも対応できる優れたものである．

3.7 スレッドを用いたプログラミング

　プロセスは，計算機システム内で，複数のプログラムを同時に並行して実行するための機構である．これまでは，各プロセスを，それぞれ独立にプログラムを実行する単位として扱ってきた．しかし，プログラムによっては，図 3.10 に示すように，プログラムの処理のある部分をそれぞれ並行して実行させることができれば，より効率よい処理が実現できる場合がある．例えば，マウスなどの入力装置からデータを受け取り，その効果を計算し表示することを繰り返すようなプログラムでは，入力の受付けとそのデータを基にした計算と表示を並列に実行できれば，人間のマウス操作による待ち時間に計算を実行できるため，よりスムーズで応答性の高いシステムを実現できる可能性が高い．

　プロセススケジューラは，このようなユーザプログラムの要求に応えるために，プログラムが，そのプログラムの一部をプロセスとして並行して実行するための機構を用意している．プロセススケジューラが実現するこの機能は，図 3.11 に示すように，一つの CPU を持つシステム上に，複数の CPU を持つより強力で使いやすい並列コンピュータを実現する仮想化の一つである．この機能を利用するユーザは，複数の CPU を持つ並列コンピュータが与えられてい

3.7 スレッドを用いたプログラミング

るとして，プログラムを書くことができる．

ユーザがプログラムの実行のためにために生成する複数のプロセスは，互いに協調して動作をする．このため，通常のプロセスと異なり，データやプログラムなどを共有することが多い．そのため，並列プログラミング実現のためにユーザが生成する並列実行の単位は，メモリ空間などのプロセスの資源を共有し，命令の実行に必要なコンテキストのみを状態として持つ，「プロセス内のプロセス」として実現されることが多い．このプロセス内に実現されるプロセスをスレッドと呼ぶ．プロセススケジューラは，プロセスを選択した後，そのプロセスが実行中の間，プロセス内のスレッドをスケジュールする．このプロセス内のスレッドの切り替えは，プログラムカウンタな

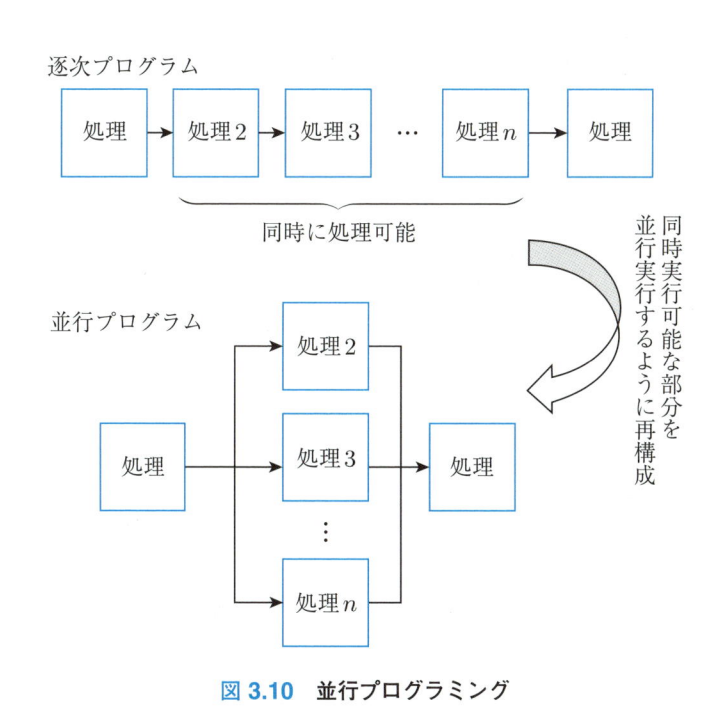

図 3.10　並行プログラミング

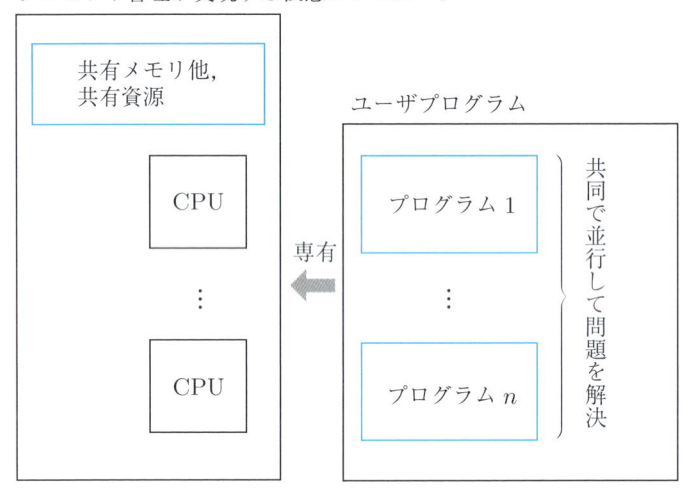

プロセッサ管理が実現する仮想コンピュータ

```
共有メモリ他，共有資源

CPU
⋮
CPU
        ← 専有

ユーザプログラム
  プログラム1
  ⋮
  プログラムn
        } 共同で並行して問題を解決
```

実際の管理対象

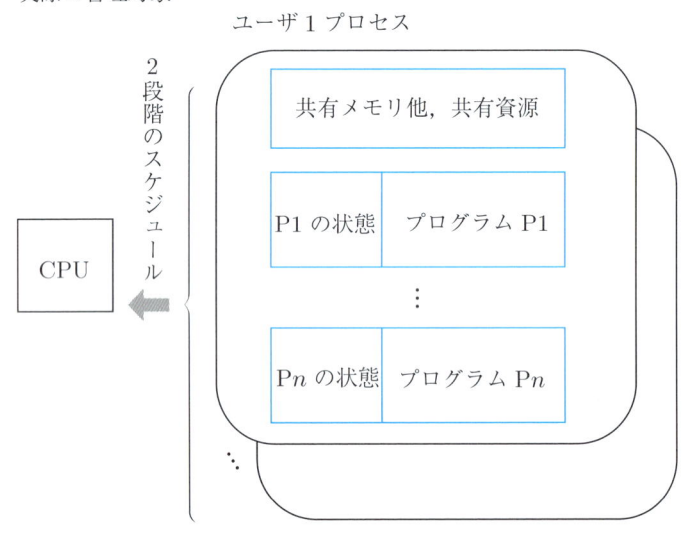

```
                ユーザ1プロセス
  CPU ←  2段階のスケジュール {
                共有メモリ他，共有資源
                P1の状態 | プログラムP1
                ⋮
                Pnの状態 | プログラムPn
```

図 3.11 ユーザに提供する仮想コンピュータと実際の管理対象

3.7 スレッドを用いたプログラミング

どの命令の実行に必要な最小限のコンテキストのみを状態として持つため，プロセスコンテキストスイッチに比べてより高速に実現できる．図 3.12 にスレッドの構造を示す．近代的なプロセッサ管理は，このような 2 段階のスケジューリングを行うことによって，強力な仮想的なコンピュータを提供している．

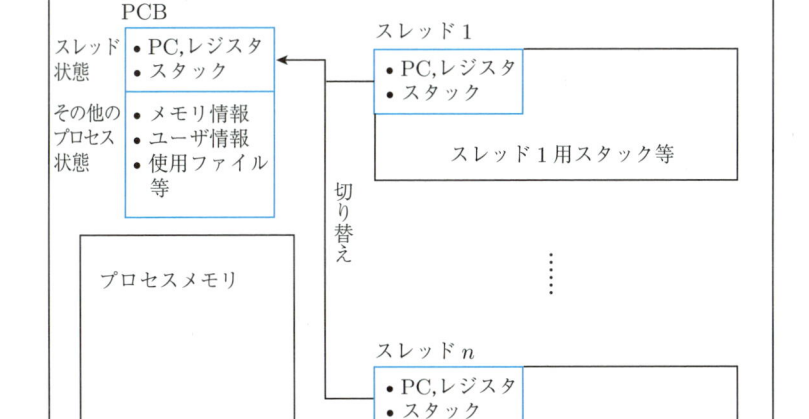

図 3.12　スレッドの構造

3.8 スレッド間のデータの共有と危険領域

プログラムが作成した複数のスレッドは，図3.13のように，メモリ資源を共有し，共有メモリ上のデータを同時にアクセス・更新しながら動作し，一つの作業を共同で実行するプログラム群である．このような複数のスレッドを扱うプログラムの構造と問題点を理解するために，その代表的な例として，データの生成と処理を，スレッドを使って並行に行うプログラムを考えてみよう．データの生成と処理を行う二つのスレッドをそれぞれ生産者 (Producer) および消費者 (Consumer) と呼ぶことにする．生産者スレッドと消費者スレッドは，データを受け渡しのための領域であるバッファを共有し，以下の処理を並行して行うものとする．

- 生産者スレッド (Producer)
    (1) 処理単位のデータを一つ生成する．
    (2) もし共有バッファが一杯でなければ生成したデータを共有バッファに格納する．
    (3) もし共有バッファが一杯なら，消費者スレッドがデータを消費し，共有バッファが空くまで待つ．
- 消費者スレッド (Consumer)
    (1) もし共有バッファが空でなければ，共有バッファからからデータを取り出し処理する．
    (2) もし共有バッファが空なら，生産者スレッドがデータを生成し共有バッファに格納するまで待つ．

これら二つのスレッドのそれぞれの処理を，C言語風の仮想的な言語で記述すると，図3.14のようになる．なお，この例では，生産者スレッドと消費者スレッドは，互いの処理の待ち合わせはせず，処理ができるようななるまで何もせずにループしている．このコードにおいて，BUFFER が共有バッファ，index が BUFFER に格納されたデータの個数を表す共有変数，MAX は BUFFER の最大値を持つ定数である．これら二つのスレッドは，BUFFER の内容と index の値とをそれぞれ参照し変更しながら，同時に並行に動作している．

3.8 スレッド間のデータの共有と危険領域

共有メモリ

待ち行列　カウンタ　…　バッファ

同時並行アクセス・更新

スレッド 1　スレッド 2　…　スレッド n

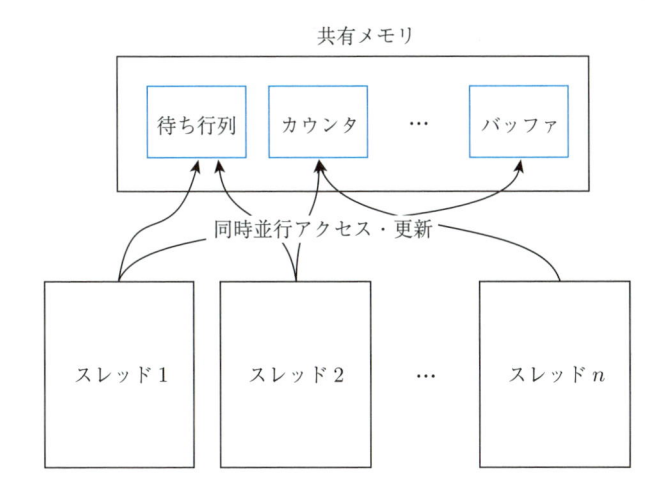

図 3.13 並行プログラミング

共有データ：
- `BUFFER[1..MAX]`：共有バッファ
- `index`：現在共有バッファに格納されているデータの個数（1 から MAX の間）
- `MAX`：共有バッファの大きさ

生産者スレッド

```
thread Producer {
  while (true) {
    if index = MAX
      {}
    else
      {
        {data 作成;}
        index = index + 1;
        BUFFER[index] = data;
      }
  }
}
```

消費者スレッド

```
thread Consumer {
  while (true) {
    if index = 0
      {}
    else
      {
        data = BUFFER[index];
        index = index - 1;
        {data の処理;}
      }
  }
}
```

図 3.14 生産者スレッドと消費者スレッドの疑似コード

このコードを書いたプログラマは，index の値がつねに BUFFER の最後のデータの位置を指すように管理しようと意図している．この性質は，それぞれのスレッドが単独で動けば，正しく実現されている．例えば，Producer は，index の現在の値が BUFFER の大きさである MAX より小さいとき，index の値に 1 を加え，空いている BUFFER の領域にデータを格納している．Consumre も同様に，データが存在するときのみデータを取り出した後，その後 index の値を 1 減じて，index が正しく BUFFER の最後の要素を指すように変更している．

しかしながら，これら二つのプログラムを並行に動作するスレッドとして実行すると，データの更新と参照に関する種々の不整合が発生しシステムが正常に動作しない．このような協調並列プログラムを実現するためには，共有データのアクセス制御と処理の同期制御が必要となる．この問題を理解するために，例えば，index と BUFFER が

- index = 1
- BUFFER[1] = $data_1$
- BUFFER[i] = 意味のないデータ（$i \neq 1$）

のような値を持つときに，Producer と Consumer が同時に動作する場合を考えてみよう．スレッドがスケジュールされるタイミングによって，以下のような場合がありうる．

(1) 正常な実行 (1)

Consumer が $data_1$ を BUFFER から取り出し，index を 0 としデータを処理した後，Producer が新たなデータ $data_2$ を作成し，index を 1 とし BUFFER[1] に格納する．

(2) 正常な実行 (2)

Producer が新たなデータ $data_2$ を作成し，index を 2 とし BUFFER[2] に格納した後，Consumer が $data_2$ を BUFFER[2] から取り出し index を 1 としデータを処理する．

(3) index と BUFFER の競合 (1)

Consumer が $data_1$ を BUFFER から取り出した後，Producer が新た

なデータ $data_2$ を作成し，index を 2 とし BUFFER[2] に格納．その後，Consumer が index を 1 とする．この場合，index = 1 となるがデータは BUFFER[2] に格納されている．

(4) index と BUFFER の競合 (2)

Producer が新たなデータ $data_2$ を作成し，index を 2 とした後，Consumer が BUFFER[2] からデータを取り出し，index を 1 とする．その後 Producer が BUFFER[1] にデータを格納する．この場合，Consumer は意味のないデータを取り出してしまう．

(5) index のアクセスと更新の競合

Producer による index の更新 index = index + 1 および Consumer による index の更新 index = index − 1 はそれぞれ，index の読出し，値の計算，index への書込みという 3 段階で行われる．これらが同時に行われると，以下のような場合が生じる．

 (a) Consumer が 1 を読み出す．
 (b) Producer が 1 を読み出す．
 (c) Consumer が $1-1$ を計算
 (d) Producer が $1+1$ を読み出す．
 (e) Consumer が 0 を書き出す．
 (f) Producer が 2 を書き出す．

この場合は，index は 2 となる．タイミングにより，index は $0,1,2$ のいずれの値も取りうるが，実際に取るべき値は 1 のはずである．

この例から理解される通り，共有データを同時に更新すると，データの不整合が生じ，システムが破壊されてしまう．問題の原因は，フォンノイマンアーキテクチャの逐次的な性質に由来する．第 1 章で学んだ通り，フォンノイマンアーキテクチャに基づくコンピュータでは，プログラムはコンピュータの状態を変更する命令の列として実現される．この原理は，逐次的な命令の実行を前提としたものである．プログラムを構成する各命令は，それまでの命令が作り出す状態に依存しており，命令列としてのプログラムは，最初の命令から最後の命令まで順番に実行が終了したときのみ，意味のある正しい情報が生成され

るようにできている．命令実行途中に作り出される状態は，それに続く命令を実行するための内部状態であり，外部の観察者にとっては意味のないデータである．例えば，今考えている例でも，

- $\texttt{index} = 1$
- $\texttt{BUFFER[1]} = data_1$

の状態から `Producer` が

```
index = index + 1;
BUFFER[index] = data
```

の計算を実行すると，その途中に一時的に，

- $\texttt{index} = 2$
- $\texttt{BUFFER[1]} = data_1$
- $\texttt{BUFFER[2]} =$ 意味のないデータ

という状態が作られるが，この状態は，これらデータを利用しようとする外部のユーザにとっては意味のない状態である．一方，フォンノイマンアーキテクチャにおけるプログラムの並列実行は，割り込み処理とプロセススケジューラによって実現される．実行中のプログラムは，命令の単位でいつでも実行が中断され，他のスレッドの実行が再開される可能性がある．したがって，割り込みのタイミングによっては，共有データが更新途中の意味のない状態のときに，スレッド切り替えが起こり，他のスレッドがその不完全な状態のデータにアクセスしてしまうことが起こりうる．

　この問題を解決するためには，一連の「更新単位」の実行を，唯一のスレッドが，他のスレッドに割り込まれずに排他的に実行することを保証するメカニズムが必要である．このためにはまず，互いに関連する共用データをひとまとまりと考え，各スレッドにおいて，関連するひとまとまりの共有データにアクセスするプログラム部分を認識する必要がある．このプログラム部分を，**危険領域** (critical region) と呼ぶ．

　危険領域は，更新により不整合が起こる可能性のある共有データデータに対応した概念である．図 **3.14** の `Producer` と `Consumer` の例では，`index` の値

3.8 スレッド間のデータの共有と危険領域

のみに着目すると，Producer による index の更新 index = index + 1 および Consumer による index の更新 index = index - 1 がそれぞれ危険領域となる．しかし，index は BUFFER の内容と関連しており，これらは同時に更新しないと意味がない．したがってこのコードの場合，図 3.15 に示すように，これら二つのデータを更新する部分全体が危険領域となる．このように危険領域が重なっている場合は，最大の危険領域が排他的実行の単位となる．

```
process Producer
{
   while (true) {
      if index = MAX
         {}
      else {
         {daa作成;}
         index = index + 1;
         BUFFER[index] = data;
      }
   }
}
```

index と BUFFER の更新に関する危険領域

index の更新に関する危険領域

図 3.15　危険領域の例

3.9 錠（ロック）による排他制御

共有資源の同時変更によるシステムの破壊を防ぐためには，共有資源を操作する危険領域の実行を，他のスレッドの実行をすべて排除し排他的に行う機構が必要がある．この機構を一般に**排他制御** (mutual exclusion) と呼ぶ．

我々人間が共有資源を操作する際にも，当然，危険領域に相当する処理があり，その処理の実行の際のシステムの崩壊を防ぐために，様々な排他制御が考案され実施されている．単純な例に，双方向の鉄道の単線区間の管理がある．単線区間は上下線で共有されるが，上下線の列車が同時に使用すると衝突事故を引き起こすので，排他制御が必要な危険領域である．この危険領域を管理するために，単線区間に対して，タブレット（通票またはスタフとも呼ばれる）と呼ばれる輪を一つだけ用意し，「区間に対応するタブレットを持った列車だけが単線区間に入ることができる」と約束しておくことが行われていた．タブレットは区間に一つしか存在しないため，この約束を守ってさえいれば，複数の列車が同時に単線区間に侵入し衝突するようなことは起こらないことが保証される．この戦略は，危険領域が操作する資源に対して錠を用意し，危険領域に入る前に資源に鍵をかけ，他の使用を禁止することと理解できる．錠を操作する鍵を一つだけ用意しておけば，その鍵を取得したただ一人の使用者のみが，その資源を使用することが保証される．

計算機システムでも，この考え方を用いたスレッド間の排他制御を実現できるはずである．これが，排他制御の最も基本的な**ロック**（錠，lock）による排他制御である．具体的な方針は以下の通りである．

(1) 資源 S に対して共有メモリ上に 1 ビットのロック（Lock）を割り当てる．

(2) Lock が 1 なら S は使用中，0 なら S は使用可を表すことにし，Lock を 0 から 1 に変更したものが，Lock を操作する鍵を取得し施錠した者と約束する．鍵を返還（解放）するには，Lock を 1 から 0 に変更すればよい．もちろん，この返還操作は，鍵を持つ者，つまり Lock を 0 から 1 に変更し者にのみ許される操作である．

これらの操作によって取得したり解放したりするものは，概念的には，錠前を操作する鍵であるが，計算機科学の文献では単に「ロックを取得

3.9 錠（ロック）による排他制御

する (obtain a lock)」,「ロックを解放する (release a lock)」と表現されるので, 以降の説明ではロックの取得およびロックの解放という表現を用いる.

この方式に従えば, ロックを取得できるものは1名に限られるため, 排他制御が実現できるはずである. 残された課題は, ロックを取得する操作とロックを解放する操作を実現することである.

Lock を取得する処理は, 現在使用中ならループして待つことにすると, 以下のように実現できると考えられる.

```
procedure lock(Lock){
   white(true) {
     if (Lock == 0)
       {Lock = 1; break;}
   }
}
```

Lock を解放する処理は, 現在 Lock を取得しているスレッドが実行するはずであるから, 単に

```
procedure unlock(Lock){
   Lock = 0;
}
```

とすれば実現できる.

これらロックの操作は, Lock を表すデータを共有し複数のプロセスで同時に実行が試みられる処理である. ロックの解放処理はメモリに書き込むだけの処理であり, 通常のアーキテクチャでは単一の命令で実行されるため, 他のスレッドと競合する恐れはない. しかし Lock を取得する処理は, Lock を読み込み, その値を判断し, もし0なら書込み処理を行っている. 通常のアーキテクチャでは, この処理は, メモリの読込み, 内容のテスト, メモリの書出しを含む複数の命令で実現される. すると, 先に分析した通り, 命令の途中でスレッドが中断され, 別のスレッドが実行されてしまう可能性がある. その結果, 二つ以上のスレッドが Lock を取得した状態になってしまう場合がある. つまり,

このロックの取得処理自身が排他制御を必要とする危険領域である．Lock を操作するためのロックを定義しようとしても，同一の問題に行き着き解決しない．

この問題を解決するために，Lock の取得処理全体を排他的に実行するハードウェア命令 test_and_set が用意されている．test_and_set(Lock) 命令は，以下の処理を行う．

(1) 他ハードウェアから Lock のあるメモリ領域のアクセスを禁止する．
(2) Lock を読む．
(3) もし Lock = 1 なら失敗の条件コード[*4]をセットする．
(4) もし Lock = 0 なら Lock に 1 を書き込み，成功の条件コードをセットする．
(5) Lock のあるメモリ領域のアクセスの禁止を解除する．

この test_and_set は 1 命令として実現されるため，この途中にスレッドが切り替わる恐れはなく，排他的な実行が保証される．さらに (1) の処理によって，計算機システムに複数の CPU やメモリを直接アクセスするデバイスなどが存在する場合でも，排他的な実行が保証される．

ロックの取得は，この test_and_set 命令を成功するまで繰り返せばよいので，以下のように実現できる．

```
procedure lock(Lock){
    while(!test_and_set(Lock)) ;
}
```

ここで，test_and_set(Lock) は成功したら真を失敗したら偽を返すものとし，!は否定演算子とする．lock(Lock) が終了すると，必ず，そのスレッドは，Lock の値を 0 から 1 に変更したはずであり，錠の管理の約束から，そのスレッドが Lock に対応する資源の使用許可を得たことになる．

共有資源 S のロックによる排他制御は，S に対する共有変数 Lock_S を定義し，各スレッドが，その危険領域の前後に以下の操作を実行すればよい．

```
lock(Lock_S);
```

[*4] 条件コードとは，命令の実行結果をプログラムに通知するための CPU レジスタの一種である．大小比較命令などの結果も条件コードで通知される．

```
{危険領域}
unLock(Lock_S);
```

生産スレッドと消費スレッドは，このロックによる排他制御を用いて，図 **3.16** のように実現できる．

生産者スレッド

```
thread Producer {
  while (TRUE) {
    lock(Lock);
    if index = MAX
      {}
    else
      {
        {data 作成;}
        index = index + 1;
        BUFFER[index] = data;
      }
    unLock(Lock);
  }
}
```

消費者スレッド

```
thread Consumer {
  while (TRUE) {
    lock(Lock);
    if index = 0
      {}
    else
      {
        data = BUFFER[index];
        index = index - 1;
        {data の処理;}
      }
    unLock(Lock);
  }
}
```

図 **3.16** 排他制御を行う生産スレッドと消費スレッドの疑似コード

3.10 セマフォによる排他制御

共有資源は，ロックによって保護することにより，安全にアクセスすることができるが，まだ未解決のいくつかの問題点がある．その一つはロックを取得する操作の実現方法にある．前節では，ロックの取得を

```
procedure lock(Lock){
    while(!test_and_set(Lock)) ;
}
```

と実現した．このコードは，別のスレッドがロックを取得済であれば，それが解放されるまで，`test_and_set`命令を実行し続ける．この方式によるロックを，**スピンロック**と呼ぶ．スピンロックは，緊急なごく短時間で終了する処理に対しては有効であるが，生産者–消費者問題などのような時間がかかる問題解決処理をスピンロックで保護してしまうと，一つのスレッドが仕事をしている間は，他のスレッドは`test_and_set`命令を実行し続けることになり，CPU時間を浪費してしまう．この現象を**ビジーウェイト**(busy wait)と呼ぶ．ビジーウェイト問題を解決するために，別のスレッドがロックを解放するまで待つ仕掛けが必要となる．この目的で開発された排他制御機構がダイクストラ(E. Dijkstra)の**セマフォ**である．

セマフォは，同時に使用可能な資源の数と，その資源の使用許可を待つスレッドの待ち行列からなるデータ構造である．`test_and_set`命令を用いたロックとの大きな違いは，資源が獲得できなかった場合に失敗を返すのではなく，要求したプロセスを資源に対応して用意された待ち行列に登録し，資源が返却されるまでその資源待ち状態にすることである．セマフォに対する操作は以下の三つである．

(1) セマフォの作成．資源の数 n を指定してセマフォを作成する．

```
semapho S = n;
```

(2) P命令．資源使用要求の処理である．以下の動作を不可分に実行する．

```
procedure P(S) {
```

```
            if (S == 0)
                { プロセスを資源Sの待ち行列に入れる }
            else
                { S = S - 1;}
        }
```
(3) V 命令．資源解放処理である．以下の動作を不可分に実行する．
```
        procedure V(S){
            if (S待ちプロセスが存在)
                { 待ちプロセスから一つを選び実行可能状態にする }
            else
                { S = S + 1; }
        }
```
セマフォを用いれば，ビジーウェイトの問題のないロックの取得と解放の処理を以下のように実現である．

```
    semapho Lock = 1;
    procedure lock(Lock) {
      P(Lock);
    }
    procedure unLock(Lock) {
      V(Lock);
    }
```

例えば，図 3.16 のコードの lock(Lock) と unLock(Lock) とを上記の手続きに置き換えれば，生産者–消費者スレッドの排他制御が実現できる．この実現では，例えば生産者スレッドは，消費者スレッドが危険領域を実行中であれば，lock(Lock) 手続きの実行によって待ち行列に入れられ，消費者スレッドが危険領域の作業を終了し unLock(Lock) 手続きを実行したとき，再開される．したがって，ビジーウェイトによる CPU の無駄な消費も発生しない．

　セマフォは，このような単純なロックの実現の他に，問題の性質に応じた種々の待ち合わせ制御に使用することができる．セマフォを用いたロックの実現では，P 命令をロックの取得，V 命令を取得したロックの返還として使用したが，

これはセマフォで保護する資源が一つだけの特別な場合である．セマフォのP命令は，一般に，そのセマフォで管理された資源を一つ獲得する処理，V命令はそのセマフォで管理された資源を一つ供給する処理であり，その意味付けは自由である．並行して実行されるスレッドの資源をセマフォを用いて管理することによって，種々の複雑な問題を，見通よく解決することができる．その一例として，複数の生産者スレッドと消費者スレッドが存在しても動作する生産者-消費者問題の実現方法を考えてみよう．

多数のスレッドが存在する場合，一般に，各スレッドが，それぞれ同期や待ち合わせ制御を正しく実現するのは困難であり，またプログラムが煩雑となる．生産者および消費者のプログラムはそれぞれの仕事に専念し，排他制御や待ち合わせ制御は，セマフォにまかせることを考える．この方針での問題解決のポイントは，生産者および消費者それぞれの仕事にとって必要な共有資源の本質を見極めることである．生産者にとって必要なものは，バッファの空きスロットであり，消費者にとって必要なものは，バッファ内のデータである．これら二つを共有資源と見なせば，各生産者スレッドは，「バッファの空きスロット」資源を一つ消費しバッファにデータを格納し，その結果「バッファ内のデータ」資源を一つ供給する処理を行うと考えることができる．同様に，消費者スレッドは「バッファ内のデータ」資源を一つ消費しバッファからデータを取り出し，その結果「バッファの空きスロット」資源を一つ供給する処理を行うと考えることができる．このように，資源は，実際のデータや装置である必要はない．さらにこの例の場合，これら資源は均一であり，管理すべきはそれぞれの資源の数である．したがって，これら二つの資源は，それぞれの資源の数を初期値として持つセマフォで表現できる．そこで，

- 「バッファの空きスロット」資源を表すセマフォを EMPTYSLOTS
- 「バッファのデータ」資源を表すセマフォを DATAINBUFFER

とすると，生産者スレッドは，EMPTYSLOTS セマフォに対してP命令を実行し「バッファの空きスロット」資源を一つ確保し，データを書き込んだ後，DATAINBUFFER セマフォに対してV命令を実行し，「バッファ内のデータ」資源を一つ供給すればよいことになる．同様に消費者スレッドは，DATAINBUFFER セマフォに対してP命令を実行し「バッファ中のデータ」資源を一つ確保し，バッファからデータを読み出した後，EMPTYSLOTS セマフォに対してV命令を

3.10 セマフォによる排他制御

実行し,「バッファの空きスロット」資源を一つ供給すればよい.図 3.17 に,これら処理を実現する疑似コードを示す.生産者と消費者をこのような構造にすれば,生産者スレッドと消費者スレッドがいくつ存在しても,資源の使い方が正しく実現されるはずである.必要な待ち合わせは P 命令と V 命令によって自動的に実現される.

```
semapho EMPTYSLOT = bufferSize;  (* 空のスロット数 *)
semapho DATAINBUFFER = 0;        (* データ数 *)

thread Producer() {
  data localData;
  while(true) {
    {localdata にデータを生成;}
    P(EMPTYSLOT);
    putData(localData);
    V(DATAINBUFFER);
  }
}

thread Consumer() {
  data localData;
  while(true) {
    P(DATAINBUFFER);
    localData = getData():
    V(EMPTYSLOT);
    {localData のデータを処理;}
  }
}
```

図 3.17　セマフォを用いた生産者・消費者スレッド

以上二つのセマフォは同期の制御を実現するのみで，データの書込みと読出しに関する排他制御は実現されない．実際に書き込みを行う putData および getData の手続きは，危険領域であるため，その実行の前にロックを取得する必要がある．これは以前同様の初期値 1 のセマフォで実現できる．図 3.18 にこれら二つの手続きを実現する疑似コードを示す．

```
data BUFFER[bufferSize];    (* 共有バッファ *)
int index = 0;              (* バッファ格納位置 *)
semapho MUTEX = 1;          (* 排他制御ロック *)

procedure putData(data) {
  P(MUTEX);
    index = index + 1;
    BUFFER[index] = data;
  V(MUTEX)
}

procedure getData() {
  data localData;
  P(MUTEX);
    localData = BUFFER[index];
    index = index - 1;
  V(MUTEX);
  return();
}
```

図 3.18　セマフォを用いた共有資源のアクセス手続き

3.11 セマフォの実現方法

前節で学んだセマフォは，排他制御と事象の待ち合わせを組み合わせた機能である．例えば，P命令の動作を振り返ってみよう．

```
procedure P(S){
        if (S == 0) then
            { プロセスを資源Sの待ち行列QSに入れる }
        else
            { S = S - 1;}
}
```

この処理の実現には，
- カウンタ S
- 待ち行列 QS

を操作する必要があるが，当然これらはデータは共有データであるため，それらを操作するP命令やV命令はそれ自身危険領域である．そこで，カウンタSおよび待ち行列QSの操作に入る前に，これらに対する排他制御が必要となる．これは，test_and_set命令を用いたスピンロックで以下のように実現できる．

```
lock LockS (* セマフォSに対応するスピンロック *)
int S (* セマフォSのカウンタ *)
queue QS (* セマフォSの待ち行列 *)
procedure P(S) {
        while(!(test_and_set(LockS)); (* スピンロック取得 *)
          if(S == 0) then
            { プロセスを資源Sの待ち行列QSに入れる }
          else
            { S = S - 1;}
          LockS = 0; (* スピンロック解放 *)
        }
```

3.12 デッドロックの問題

　ロックやセマフォは，資源の待ち合わせを行う機構である．これら機能を使用する上での厄介な問題の一つに，**デッドロック**がある．デッドロックとは，二つ以上のスレッドが，資源を保有したまま互いに他のスレッドが資源を解放するのを待ち続ける状態である．例えば，二つのスレッドが Lock1 と Lock2 で保護された資源 1 と資源 2 を同時に必要とする場合を考えてみよう．もしスレッド 1 が Lock1 と Lock2 をこの順に取得するようにプログラムされており，スレッド 2 は逆に Lock2 と Lock1 をこの順に取得するようにプログラムされている場合，タイミングによっては，スレッド 1 が Lock1 を取得しスレッド 2 が Lock2 を取得した状態になりうる．この場合，二つのスレッドは，互いに他の持っているロックを永遠に待ち続けることになる．このようなデッドロックは，図 3.19 に示すように，資源を使用する危険領域が入れ子になっており，かつ，スレッドによってその入れ子の順番が異なる場合に発生する．

　もちろん，すべての関連する資源をひとまとまりとして管理するようにすれば，資源の使用に関する入れ子構造は発生せず，デッドロックは発生しない．しかし，そのような管理では，複数のスレッドが同時に動作することができず，スレッドを使用した並行プログラミングの利点が失われてしまう．デッドロックを回避するためには，資源の使用に関しての約束が必要となる．例えば，複数の資源に順番を付け，資源の確保は，資源の順番に行うという約束をし，すべてのスレッドがこの約束を守ればデッドロックを回避できる．しかし，資源の使用順は処理に依存するため，資源の番号が大きい資源を先に必要とするスレッドは，結局その番号までのすべての資源を一度に確保しなければならなくなり，並列性が失われてしまうことがある．

3.12 デッドロックの問題

プロセス 1

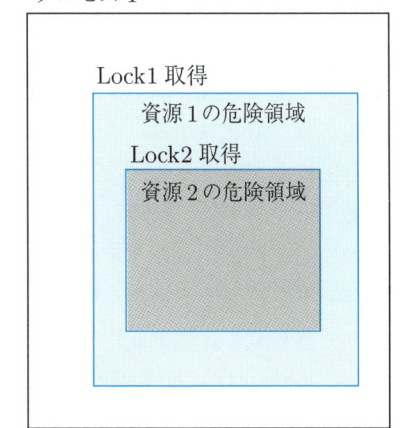

Lock1 取得
　資源 1 の危険領域
　Lock2 取得
　　資源 2 の危険領域

プロセス 2

Lock2 取得
　資源 2 の危険領域
　Lock1 取得
　　資源 1 の危険領域

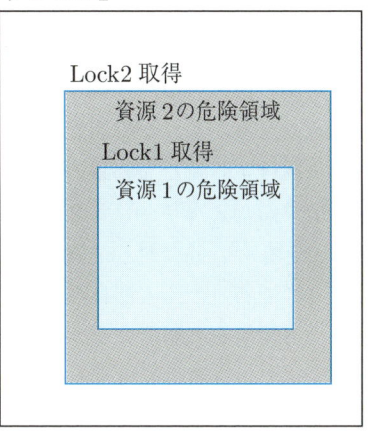

図 3.19　デッドロック問題

3.13 モニタによる排他制御

　ロックやセマフォによる排他制御は，並行スレッドが独立に資源を競争で取り合うにあたって，その整合性を確保する機構と理解することができる．しかし，資源の使用方法が複雑になってくると，並列処理の実行中にデッドロックが起こりうるかどうかの判定，さらに，もし起こりうると分かった場合デッドロック回避する新たな約束の考案は，いずれも困難な問題である．

　以前学んだように，ロックやその一般化であるセマフォは，同時に一人しか使用できない資源に対して鍵をかけて他の人の使用を禁止することをモデルとしたものであった．人間社会では，複雑な共有資源を管理する場合，鍵を用意し，その使用を利用者にまかせるのではなく，共有資源を管理する管理者を置き，すべての資源の管理をその管理者に委ねることが行われる．資源の利用は，管理者に処理を依頼することによって行われる．この場合，管理者は一人ですべての資源を管理しているので，排他制御やデッドロックの問題は起こらない．並行プログラミングでも，この管理者による資源管理をモデルに排他制御を行うことができる．ホーアによって提案された**モニタ**の概念は，その一種と見なすことができる．

　モニタとは，資源を操作するための以下のような性質を持つ資源操作関数の集まりである．

- 資源操作関数は資源を使用する上での十分な機能を持つ．
- 資源へのアクセスは資源操作関数のみを用いて行う．
- モニタ内の関数は，同時に一つしか実行されない．

資源のアクセスを，モニタが提供している関数のみに制限する目的は，資源そのものをユーザから隠しアクセスできないようにすることによって，資源の使い方に関する約束が守られることを保証するためである．この手法は，高水準プログラミング言語で提供される**情報の隠蔽**機能に相当する．隠蔽されたデータ構造とそれを操作するための関数集合は，**抽象データ型**とも呼ばれる．図 3.17 と図 3.18 とに示した Producer と Consumer の実現例でも，putData と getData を定義し，BUFFER と index 変数をこれら関数を通じて操作するような構造に

しているが，これも情報隠蔽の手法である．モニタは，排他制御の必要なデータ構造に対する抽象データ型とみることができる．

図 3.20 は，生産者と消費者が使用するバッファをモニタとして実現した例である．この例では，モニタ内に宣言された index と BUFFER はモニタの外部のユーザからはアクセスできない．ユーザにとって Buffer は，put と get という操作ができるデータであり，その実際の構造を知る必要はない．さらに，モニタ内の関数は同時に一つしか実行されない，との約束から，排他制御が実現される．

このモニタは，概念的なものであり，それ自身で実現方法を規定するもので

```
monitor Buffer
  const int MAX;
  int index;
  data BUFFER[MAX];
  queue Get, Put;
  procedure put(data) {
    if (index = MAX) wait(Put);
    index = index + 1;
    BUFFER[index] = data;
    if index = 1 then wakeUp(Get);
  }
  function get() {
    if index = 0 wait(Get);
    data = BUFFER[index];
    index = index - 1;
    if (index = MAX - 1) wakeUp(Put);
    return(data);
  }
end monitor
```

図 3.20　モニタによる生産者-消費者問題の実現

はない．モニタの実現戦略の例としては，以下のような方法が考えられる．

- モニタを，処理要求を処理するサーバスレッド（プロセス）として実現する．
- サーバは，内部に資源を持ち，待ち行列でユーザ要求を受け付け，要求を一つずつ処理する．
- モニタがユーザに提供する資源操作関数は，必要な処理要求を待ち行列に登録するだけの処理を行う．
- 待ち行列の操作はロックで保護する．

複雑な資源を多数のユーザで共有する場合，その管理者をこのようなサーバとして実現することが多い．

問題

確認問題

1. プロセッサ管理の目的を，コンピュータの管理者と仮想コンピュータの提供の二つの観点から述べよ．
2. プロセスの概念を説明せよ．
3. プロセスの実現方法の概要を説明せよ．
4. PCB の役割を説明せよ．
5. プロセスの属性情報の主なものを列挙し，その使用目的を説明せよ．
6. プロセスコンテキストと割り込みコンテキストの違いは何か．
7. プロセスコンテキストスイッチの流れを記述せよ．
8. タイムスライスについて説明せよ．
9. プロセスの取りうる状態と状態遷移を引き起こす原因事象を記述せよ．
10. プロセススケジューラが，実行可能状態のプロセスを管理するためのデータ構造を説明せよ．
11. 実行状態のプロセスが実行可能状態へ移行する事象の例を挙げよ．
12. 実行状態のプロセスが待ち状態へ移行する事象の例を挙げよ．
13. ラウンドロビンスケジューリングとは何か．
14. CPU 制約のプロセスと入出力制約のプロセスはそれぞれどのようなプロセスか．
15. プロセススケジューラが動的に優先度を決定する戦略を述べよ．
16. フィードバック付マルチレベル待ち行列を用いたプロセススケジューリングの概要を説明せよ．
17. スレッドとプロセスの違いを説明せよ．

18 スレッド間の排他制御の必要性を危険領域 (critical region) の概念を用いて説明せよ．
19 ロックによる排他制御の概要を説明せよ．
20 ロックを実現するためのハードウェア命令 test_and_set の動作を記述せよ．
21 test_and_set 命令をハードウェアで実現しなければならない理由を説明せよ．
22 test_and_set 命令を用いたロック取得手続きを記述せよ．
23 ロック解放手続きを記述せよ．
24 ロックによる排他制御で問題となるビジーウェイト (Busy Wait) について説明せよ．
25 セマフォの概念を説明せよ．
26 セマフォを実現するための P 命令，V 命令の機能の記述せよ．
27 ロックを用いた P 命令の実現方法を記述せよ．
28 ロックを用いた v 命令の実現方法を記述せよ．
29 デッドロックについて説明し，その回避戦略を記述せよ．
30 モニタによる排他制御の概要を説明せよ．

演習問題

1 プロセッサ (CPU) が一つの場合は，当然命令は同時には実行されない．したがって，危険領域をひとまとまりとして実行することを保証するには，ロックやセマフォの他に，スレッドが切り替わることを禁止することでも実現できる．この考え方に基づく排他制御の機能を設計せよ．

2 OS はプロセス集合を待ち行列で管理しているように，待ち行列は，システムプログラムの最も基本的なデータ構造である．以下の機能を持つ共有の待ち行列を考える．
   (a) 待ち行列に要素を追加する enqueue 手続きと待ち行列の先頭の要素を取り出す dequeue 関数が定義されている．
   (b) 待ち行列は順番が保たれる．すなわち，最初に待ち行列に入ったものが最初に取り出される．
   (c) enqueue と dequeue は，複数スレッドで並行して実行される可能性がある．
このような待ち行列を実現するデータ構造を設計し，enqueue 手続きと dequeue 関数を実現する疑似コードを与えよ．

3 図 3.14 に示した排他制御を行わない生産者スレッドと消費者スレッドに関して，以下の特別な状況を考える．
   - index の値および BUFFER の各配列要素の値はすべて 0 に初期化されているものとし，MAX は十分に大きいものとする．
   - Producer の「data 生成」では，自然数を 1 から順に生成するものとする．
   - Consumer の「data の処理」は値をプリントするのみ．
   - この問題では，Producer は 2 回ループを実行し，1, 2 を生成し停止するものとする．

意図するシステムの動作は，Producer が作成した二つの値をプリントすることで

ある．
- (a) 意図する動作をする場合でも，値がプリントされる順はシステムのタイミングに依存する．2, 1 の順にプリントされる場合のシステムの動作を記述せよ．
- (b) 意図する動作以外の可能な動作結果を一つ上げ，そのときの index と BUFFER の状態の変化を記述せよ．

4 3.10 節で学んだように，排他制御のためのロックは，通常セマフォで実現される．しかしセマフォを用いたロックの実現では，P 命令の内部でロックを用いている．したがって，結局ロックによる排他制御と同じように見える．セマフォを用いたロックの利点を説明せよ．

5 本章では，スレッドが共有変数を用いてデータを共有し作業を行うモデルを扱ったが，共有変数に代ってメッセージの送受信（メッセージパッシング）によりデータを共有する方式もよく用いられる．メッセージパッシングのための以下の機構が用意されているとする．
- メッセージを送受信するためのチャネル C
- C へデータ M を送る手続き send(C, M)．send(C, M) は必ず成功し，M の内容のメッセージがチャネル C に到着順に保存される．
- C に送られているメッセージを取り出す関数 receive(C)．receive(C) は，チャネル C にメッセージがあるときはその最も古いメッセージが値として返される．もしチャネル C にメッセージが存在しなければ，この関数を実行したスレッドは，メッセージが到着するまで待ちとなる．

この機構を使って，生産者消費者の問題を解くプログラムを書け．

6 セマフォを用いてメッセージパッシングを実現する方式を設計し，send(C, M) と receive(C) の定義を与えよ．ただし，メッセージを作成するためのメモリ領域を確保する手続き Alloc がシステムによって用意されているものとする．

第4章

メモリの管理

　メモリ（記憶装置）は，CPU の持つ計算能力と並んで重要な計算機システムの資源である．ディジタルコンピュータを用いた情報処理の基本は，情報をコード化，すなわち，{0,1} のビット列で表現し，そのコードをプログラムで解釈し変換することであった．これらコード化された情報やそれを処理するプログラムはすべてメモリに記録される．複雑で大規模な問題を解くためには，それらコード化された情報やプログラムを記録する大容量で使いやすいメモリが必要である．本章では，そのようなメモリ装置を実現するためのメモリ資源の管理方式を学ぶ．

4.1 メモリ管理の目的

計算機システム内の情報を記録する装置は，アクセスの速さに関して以下のような階層構造をなす．
(1) CPU 内の汎用レジスタ
(2) 主記憶装置
(3) 2 次記憶装置
(4) アーカイブ

汎用レジスタは，命令の実行に使用される少数の一時記録域である．主記憶装置は，CPU の命令によって直接読み書きできる高速な記憶装置であり，プログラムやプログラムの扱うデータを保持している．2 次記憶装置は，ファイルやデータベースなどの多量のデータを永続して記憶しておく装置である．アーカイブは，テープなどの形式でデータやシステムのバックアップなどを保存しておく記録保存庫である．これらの中で (2) の主記憶装置が，本章で扱う OS のメモリ管理の対象である．CPU レジスタが命令を実行するための一時的な記憶域であるのに対して，主記憶装置は，データやプログラム，プログラムの実行状態などを保持する領域である．

2.1 節で学んだ通り，OS の見方には，計算機システムの資源の最適な管理者とユーザへの仮想コンピュータの提供者の二つがある．資源の管理者としてのメモリ管理の目的は，有限の主記憶資源の最大限の活用である．ディジタルコンピュータを用いた情報処理では，情報はすべて，メモリ上のビット列として表現され，情報を処理する手続きも，命令の列としてメモリ上に格納される．大規模な問題を解くためには，多量のメモリを必要とする．複数のユーザからの要求を満たしながら，システム全体の効率を最適にするためには，システムに装備された主記憶装置の容量を，各ユーザに均等に分配するといった単純な手法では不十分である．一方，仮想コンピュータの提供者としてのメモリ管理の目的は，ユーザプログラムにとって使いやすくかつ大量のメモリを与えることである．システムの主記憶装置には，固定のハードウェアのアドレスが与えられ，さらに，その量はシステムによってそれぞれ異なっている．しかし，ユーザプログラムにとっては，0 番地から始まるアドレス空間のすべてがいつでも

自由に使用できることが望ましい．

　OS のメモリ管理の目的は，これらを同時に達成するために，システム内のメモリ資源を各プロセスに動的に割り当てることを通じて，各ユーザに対して，それぞれ専用の均一の巨大な仮想的なメモリ装置を実現することである．

ユーザに提供するメモリ空間

```
000 … 000
    ⋮        ユーザプログラム
             &
             ユーザ専用データ
111 … 111
```

実際の管理対象

先頭アドレス X　システム領域
　　⋮　　　　　全ユーザ使用域　← ユーザ使用域の一部に動的に割当て　{ ユーザ1（プログラム，データ）… ユーザ n（プログラム，データ） }
最終アドレス Y　デバイス領域

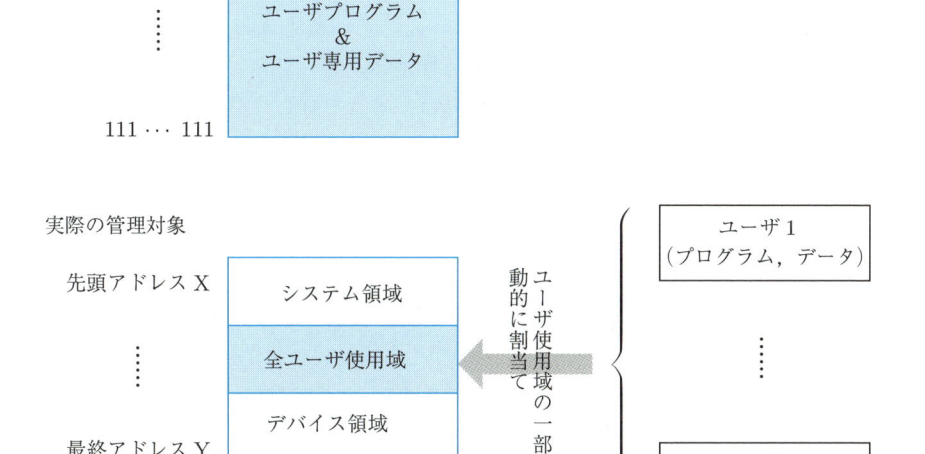

図 4.1　メモリ管理の目的

4.2 システム内のメモリの用途

最適な管理を実現するために，システムに装備された主記憶装置の使用方法を，使用目的に従って決定し管理する必要がある．計算機システムのメモリの用途には以下のようなものがある．

(1) システム管理用メモリ
- OS のプログラム
- OS が使用する以下のようなデータ構造
    - 割り込み処理のためのデータ構造
    - プロセッサ管理用のデータ構造
    - メモリ管理用のデータ構造
    - デバイス管理用データ構造

割り込み処理のためのデータ構造には，割り込みスタックや，割り込みベクタなどが含まれる．プロセッサ管理用のデータ構造は，各プロセスの PCB 領域やプロセス待ち行列などである．メモリ管理用のデータ構造は，システム空間およびプロセス空間を生成するためのページテーブル，物理メモリ管理情報，ページファイル管理情報などが含まれる．これらデータ構造は，本章で詳しく説明する．デバイス管理用のデータ構造は，デバイスドライバのための作業域などである．

(2) ユーザ（プロセス）用メモリ
- プログラム領域
- プログラムが使用するデータ

プログラムが使用するデータには，関数の起動や演算を行うためのスタックとオブジェクトを生成するためのヒープ領域が含まれる．

これらの中で，システム管理用のデータは，その使用目的とデータ構造があらかじめ決まっているデータであり，必要な容量も見積もることができる．したがって，これらの用途のメモリは，あらかじめ割り当てられ，それぞれの管理プログラムによって特別なメモリ管理がなされる．OS のメモリ管理の主要な対象は，ユーザプロセスに与えるメモリである．

ユーザプロセスのメモリ要求は，次のような性質を持つ．

- 大容量かつ無制限：処理要求に応じていくらでも増える可能性がある．
- 動的：使用環境に応じて変化し，あらかじめ見積もることが困難である．

OS のメモリ管理は，このようなあらかじめ計画してメモリを割り当てることができないユーザプロセスのメモリ要求を適切に管理し，かつ，各ユーザプロセスには，大容量で均一の仮想的なメモリを与えることを目指す．メモリ管理は，メモリ装置を段階的に仮想化し，強力で効率的な仮想的なメモリ装置を実現することによって，この目的の達成を目指す．

4.3 物理アドレスの仮想化

計算機システムに装備された主記憶装置を物理メモリと呼び，そのアドレスを物理アドレスと呼ぶことにする．メモリ装置の仮想化の第一歩は，ハードウェアによって実現される**物理アドレスの仮想化**である．

実際のコンピュータハードウェアでは，読み書きの単位であるワード単位にではなく，1 バイト（8 ビット）単位にアドレスが振られいる場合が多い．しかし本書では，そのような詳細は無視し，ワード単位にアドレスが振られているものとする．すると，物理メモリは，読み書き操作が定義された以下のような一次元配列と見なせる．

PM：物理メモリ

$ADRS$：物理メモリアドレス

$load(a, r)$：$a \in ADRS$ のとき，メモリ内容 $PM[a]$ をレジスタ r へ転送

$store(a, r)$：$a \in ADRS$ のとき，レジスタ r の内容をメモリ $PM[a]$ へ転送

ここで $ADRS$ は CPU がメモリ装置へアクセスするための物理的なアドレスであり，通常連続した区間の集合である．

メモリ管理の第一歩は，メモリを使用するプログラムにとって重要ではないこの物理アドレス情報を隠し，0 から始まる均一な仮想的なアドレス持つメモリを提供することである．仮想化されたアドレスを論理アドレスと呼び，論理アドレスでアクセスできるメモリを，論理メモリと呼ぶことにする．メモリの要素を読み書きする関数を物理メモリの場合と区別して **Load** および **Store** と書くことにすると，論理メモリは以下のような配列と見なせる．

LM：論理メモリ

$0,\ldots,2^k-1$：論理メモリアドレス

$Load(i,r)$：メモリ内容 $LM[i]$ をレジスタ r へ転送

$Store(i,r)$：レジスタ r の内容をメモリ $LM[i]$ へ転送

論理アドレスは，システムに装備された物理メモリのアドレスとは関係なく，0 からから始まる連続したアドレスであり，そのサイズは通常システムの 1 語のビット長で表現される最大値である．例えば 1 語が 32 ビットであるシステムでは $2^{32}-1$ である．

ハードウェアは，論理アドレスを物理アドレスに変換することによって，物理メモリ上に，仮想的な論理メモリを実現する．この機構を**アドレス変換**機構と呼ぶ．論理アドレス i をアドレス変換して得られる物理アドレスを $\phi(i)$ と書くと，論理メモリの読み書きをする関数は，以下のように実現できる．

$$Load(i,r) = load(\phi(i),r)$$
$$Store(i,r) = store(\phi(i),r)$$

もちろん，論理アドレス空間は，通常物理メモリの総量より遥かに大きな空間であるため，アドレス変換関数 ϕ は論理アドレスの一部を存在する物理メモリのアドレスに写像する関数である．$Load$ および $Store$ 関数に対して，ϕ で定義された範囲以外の論理アドレスを指定すると，**アドレス変換例外**と呼ばれる例外が起こる．アドレス変換の概要を図 4.2 に示す．

アドレス変換機構の実現方式は複数存在するが，今日最も広く使用されているものは，以下のようにして実現される**ページテーブル**方式である．

(1) 論理メモリと物理メモリをすべてページと呼ばれる固定長のブロック単位で管理する．1 ページの大きさはアーキテクチャによって異なるが，通常 4K バイトの場合が多い．アドレスは，ページ番号とページの先頭からの相対位置（ディスプレイスメント）の組と解釈する．例えば 1 語が 32 ビット，1 ページが $2^{10}=1024$ 語である 32 ビット論理アドレス空間は $2^{22}=4194304$ ページに分割される．この場合，論理アドレスは，上位 22 ビットのページ番号 P $(0 \leq P \leq 2^{22}-1)$ と下位 10 ビットのページ内のディスプレイスメント D $(0 \leq D \leq 1023)$ の組と見なされる．例えば，32 ビット論理アド

4.3 物理アドレスの仮想化

レス

00000000000000000001010000000011

は，以下のような組と解釈される．

P	D
0000000000000000000101	0000000011

$P = 5, D = 3$ であるから，このアドレスは，6 番目のページの 4 番目のワードを指す．

(2) 論理メモリ上のページに物理メモリ上のページを対応させる表を用意することによって，アドレス変換を実現する．この表は，論理ページ番号を添字とし，その論理ページ番号に割り当てられた物理ページ番号を内容とする配列である．この表を**ページテーブル**と呼ぶ．ページテーブル自身は物理メモリ上に置かれる．上記の例の場合，方式上，4194304 の論理ページに対応する物理ページを記録するために，4194304 の大きさのページテーブルが存在することになる．論理ページに割り当てられた物理ページを**ページフレー**

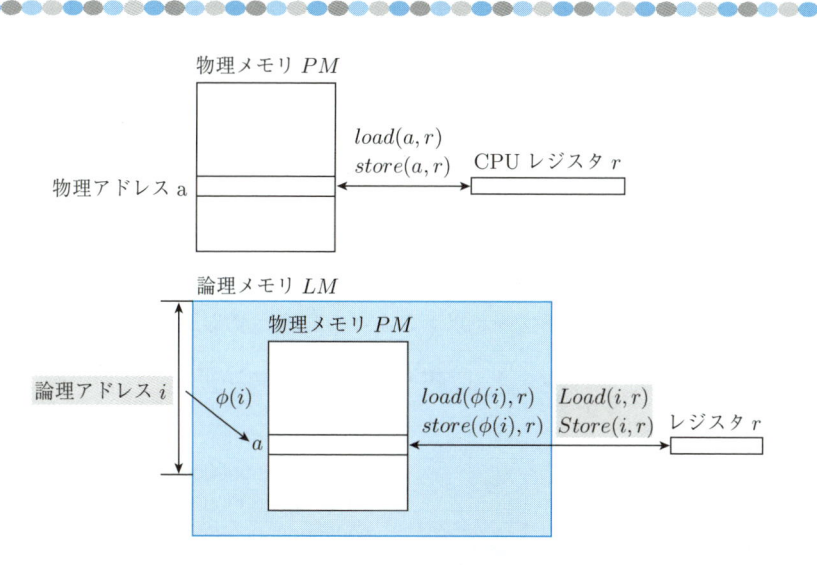

図 4.2　アドレス変換機構

ムと呼び，そのページ番号を**ページフレーム番号**と呼ぶことにする．

もちろん物理ページの総量は限られているため，すべての論理アドレスに物理ページを対応させることはできない．そのために，ページテーブルには，その論理ページ番号に対応する物理ページが存在するか否かを示す**有効ビット** (valid bit) が付加されている．ページテーブルは，さらに，アクセス権限などに関する情報を含む場合が多い．

ページテーブル配列の各要素を**ページテーブルエントリ**と呼ぶ．ページテーブルエントリは，有効ビット (V) とページフレーム番号 (FRAME) その他の情報を 1 語にコード化したものである．例えば，1 ページが 2^{10} 語である 32 ビット論理アドレス空間に対するページテーブルエントリは，以下のような構造を持つ．

| V | MISC | FRAME (22 ビット) |

- V：有効ビット（1 のとき有効）
- FRAME：ページフレーム番号
- MISC：アクセス権限などの情報（残りの 9 ビット）

(3) ハードウェアは，ページテーブル PT の先頭アドレスを保持し，論理ページ番号 P に対応する PT のエントリ $PT[P]$ を読み出し，その中のページフレーム番号に，論理アドレスのページ内ディスプレイスメント D を連結し，物理メモリアドレスを得る．すなわち，アドレス変換関数 ϕ は

$$\phi(P, D) = PT[P] \oplus D$$

として実現される．ここで $\oplus$ はページ番号とページ内オフセットを連結し 1 語のアドレスを生成する操作である．

例えば，ページテーブルが以下のような配列とする．

ページ番号	V	MISC	FRAME
0	1		0000000000000000100000
1	1		0000000000000000100001
2	1		0000000000000000100010
3	1		0000000000000000100011
4	1		0000000000000000100100
5	1		0000000000000000100101
6	...		...
⋮	...		...

4.3 物理アドレスの仮想化

上に例で上げた論理アドレス 00000000000000000001010000000011 のページ番号は 5 である．そこで，アドレス変換ハードウェアは，テーブルの 6 番目のエントリ $PT[5]$ の V ビットが 1 であることをチェックした後，FRAME フィールドを読み出し，ページフレーム番号 000000000000000000100101 を得る．このページフレーム番号と，論理アドレスのディスプレイスメントとを連結し，物理アドレス 00000000000000001001010000000011 が生成される．

ページテーブル方式の概要を図 4.3 に示す．

メモリ参照は計算機システムにとって最も基本的な機能の一つである．そのため，アドレス変換は高速に実現されることが要求される．しかし，アドレス変換を上記の通り実行すると，メモリアクセスの際に，メモリ上にあるページテーブルが毎回参照され，メモリアクセスの時間が 2 倍以上になってしまい，

論理アドレス $I = P(ページ番号) \times 2^k + D(ディスプレイスメント)$

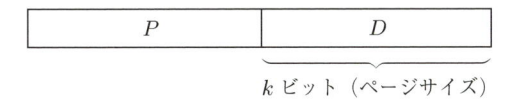

P	D

k ビット（ページサイズ）

論理アドレス $I = (P, D)$ によるメモリアクセス

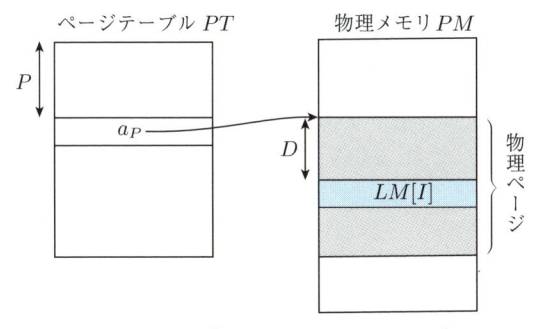

$$LM[I] = LM[P \times 2^k + D] = PM[PT[P] \times 2^k + D]$$

図 4.3　ページテーブル方式

計算機システムの効率を大幅に低下させてしまう．この問題を解決するために，アドレス変換ハードウェアには，**TLB** (translation look-aside buffer) と呼ばれる高速な記憶装置が装備されている．この記憶装置は，番地を指定して値を読み出すのではなく，値とそれに対する別の値の組を記憶し，値が与えられると，その値に対応する値が登録されていればその値を返す，連想記憶装置の一種である．アドレス変換ハードウェアは，まず，論理アドレスの中の論理ページ番号を TLB で検索し，もし対応するページフレーム番号が登録されていれば，ページテーブルを参照することなく，そのページフレーム番号にディスプレイスメントを加えた物理アドレスを生成する．TLB に登録されていない場合のみ，実際にページテーブルからページフレーム番号を取り出し，論理ページ番号とそのページフレーム番号の組を TLB に登録した後，物理アドレスを生成する．ページは 4K バイト程度であり，また，通常プログラムは，近くのアドレスを多く参照する傾向にあるため，この TLB の機構を併用すれば，実際のページテーブルの参照回数を大幅に減らすことができる．TLB を含むアドレス変換は以下のように行われる．

$$\phi(P, D) = \mathtt{if}\ (P, F) \in TLB$$
$$\quad F \oplus D;$$
$$\mathtt{else}$$
$$\quad \{$$
$$\quad\quad F = PT[P];$$
$$\quad\quad (P, F)\ を\ TLB\ に登録;$$
$$\quad\quad F \oplus D;$$
$$\quad \}$$

4.4 プロセスメモリ空間の実現

アドレス変換機構によって論理アドレスを用いてプログラムすることが可能となる．しかしこの機構のみでは，依然としてシステムに一つのアドレス空間しか存在し得ない．この場合，システム内に多数存在するユーザプロセスは，一つの論理アドレス空間を共有することになり，各プログラムは，他のプログラ

ムが使用していない論理メモリ領域を使用しなければならない．メモリ装置の仮想化の第2段階は，ユーザプログラムにとってより使いやすい，プログラム専用の仮想的なメモリ装置を実現することである．このためのハードウェアおよびOSの機構を総称してメモリアーキテクチャと呼ぶ．これまでに多様なメモリアーキテクチャが提案され，実現されてきた．本節では，それらを網羅的に振り返ることはせず，メモリ管理の目的を達成する上で最も強力で柔軟と考えられるアーキテクチャの概念を説明する．

　ユーザプログラムは，第3章で学んだスレッドの機能や第5章で学ぶデバイスやファイル管理などのOSが提供する種々のシステムの機能を利用する．この観点から，OSのプログラムとOSが管理する種々のデータ構造は，ユーザにとっては計算機システムの一部であり，これら機能にアクセスできる必要がある．一方，ユーザプログラムは，これらOSや他のプログラムに制約されることなく，均一で大きなメモリを自由に使うことができると便利である．そこで，各ユーザにとっては，図4.4のように，システムプログラムがあるメモリ

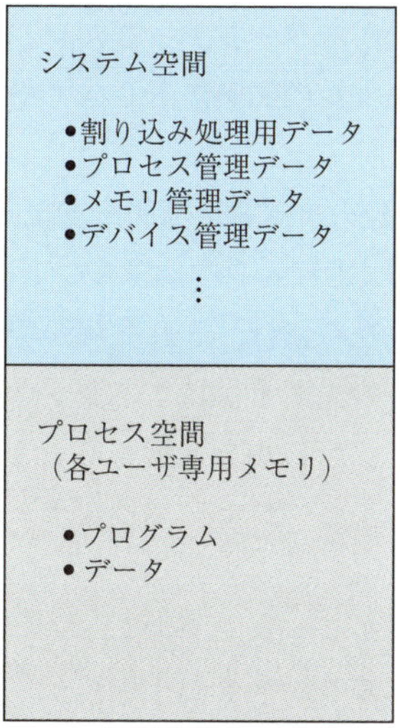

図4.4　特定のユーザから見た計算機システムのメモリ空間

空間にアクセスでき，かつ，それとは別に，ユーザ固有の空間を使用できることが望ましい．

システム内の各プロセスに対して，図 4.4 に示すような空間を実現するためには，図 4.5 に示すように，共有のシステム空間に加えて，それぞれのプロセスすべてに対してメモリ空間を作らなければならない．もちろん，システム内のメモリは，システム構築時に設置されたメモリチップであり，プロセスごとのメモリ装置は物理的には存在しない．OS のメモリ管理は，プロセス管理が各プログラム専用の仮想的な CPU 実現したように，物理的なメモリ装置を仮想化し，図 4.5 に示すような仮想的なメモリ装置を実現する．

前節のアドレス変換の説明では，論理アドレス空間を実現するために使用されるページテーブルは一つであると暗黙に仮定していた．しかし，アドレス変換を実現するハードウェア機構には，そのような制限は何ら存在しない．ページテーブルはハードウェアそのものに装備されるものではなく，プログラムやデータと同様に，ソフトウェアで用意されメモリ上に置かれたデータ構造である．アドレス変換ハードウェアは，そのページテーブルの先頭位置さえ分かればよい．そのために，アドレス変換ハードウェアは，ページテーブルの先頭を保持する特別なレジスタである**ページテーブルレジスタ**を持ち，このレジスタに書かれた値がページテーブルの先頭アドレスであると仮定してアドレス変換を行っている．

アドレス空間を分割し複数のアドレス空間を実現するには，その数だけのページテーブルレジスタを持つ CPU を作ればよい．図 4.4 に示したシステム空間とプロセス空間を実現するためには，それぞれの空間用のページテーブルを作成し，それぞれのテーブルの先頭を保持するレジスタを用意し，ハードウェアがアドレスの種類によってどちらかを選択するようにすれば実現できる．そこで，システムページテーブルとプロセスページテーブルを用意し，アドレス変換ハードウェアに，

- システムページテーブルレジスタ (SPT)
- プロセスページテーブルレジスタ (PPT)

の二つのレジスタを加え，論理アドレスの上位ビットが 0 か 1 かによって，どちらかのレジスタ選択するようにすれば，システム空間とプロセス空間の二つの独立したアドレス空間が実現できる．図 4.6 に，システム空間とプロセス空

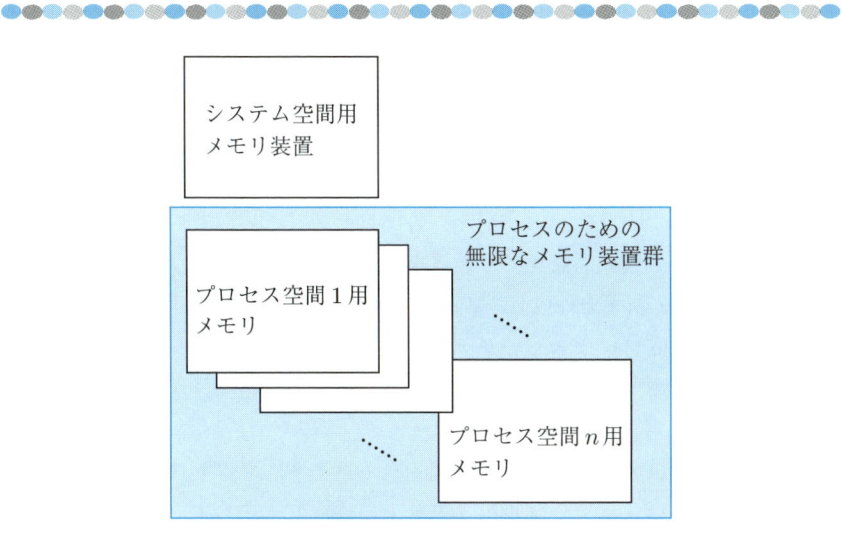

図 4.5　メモリ管理が実現する仮想的なメモリ装置

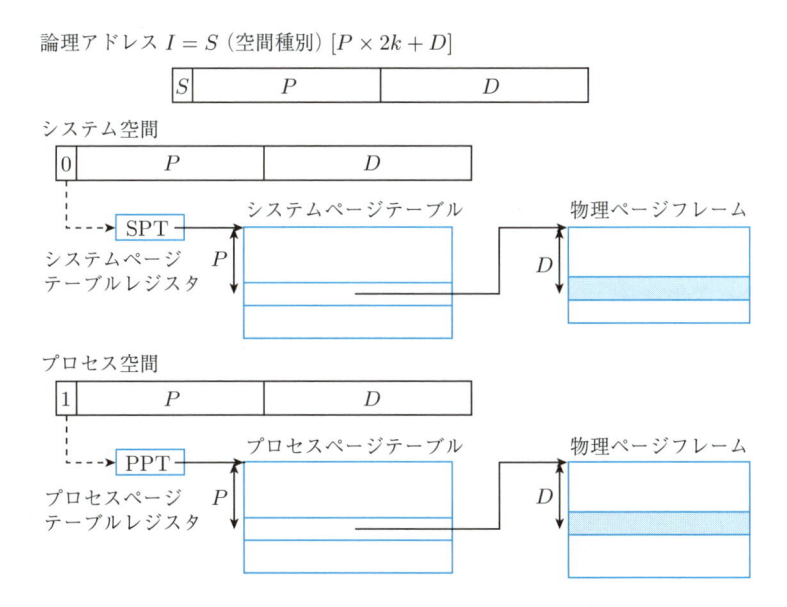

論理アドレス $I = S$（空間種別）$[P \times 2k + D]$

図 4.6　システム空間とプロセス空間を実現するハードウェア

間を実現するためのハードウェアの構造を示す．この図では，最上位ビットが0のアドレスをシステム空間，1のアドレスをプロセス空間と仮定しているが，もちろん逆にすることも可能である．

　以上のハードウェア機構によって，システム空間とプロセス空間の二つの空間をもつ仮想的なメモリ装置が実現される．このメモリ装置上にさらに，図 4.5 に示すような一つのシステム空間と，各プロセスごとに固有の複数のプロセスメモリ空間をもつ仮想的なメモリ装置を実現するためには，プロセスごとにプロセスページテーブルを作成し，プロセスメモリ空間を実現しているハードウェアレジスタであるプロセスページテーブルレジスタを，他のレジスタと同様にプロセスコンテキストに加え，プロセスコンテキストスイッチと同期して切り替えればよい．

　この処理は，以下のようにして実現できる．まず，プロセス生成時に，そのプロセス専用のページテーブルをメモリ上に作成し，そのアドレスをプロセスの PCB に記録する．プロセスコンテキストスイッチは，プロセスコンテキストに含まれる CPU レジスタ群の書き換え処理によって実現されていることを思いだそう．すなわち，プロセスコンテキストスイッチでは，現プロセスの CPU レジスタ群がそのプロセスの PCB の保存域に書き出され，次に実行されるプロセスの PCB に保存されている内容が CPU レジスタ群にロードされる．プロセスのメモリ空間を切り替えるには，この処理に加え，次に実行されるプロセスの PCB に設定されているプロセスページテーブルのアドレスをページテーブルレジスタにロードする処理を行えばよい．プロセスのページテーブルのアドレスは変化しないので，現プロセスが使用していたページレジスタの内容を PCB に書き出す必要はない．以上の処理によって，プロセスメモリを実現しているページテーブルの内容が，プロセスコンテキストスイッチに連動して切り替わり，プロセス固有のメモリ空間が実現される．このようにして実現される仮想的なメモリ装置の構造を図 4.7 に示す．

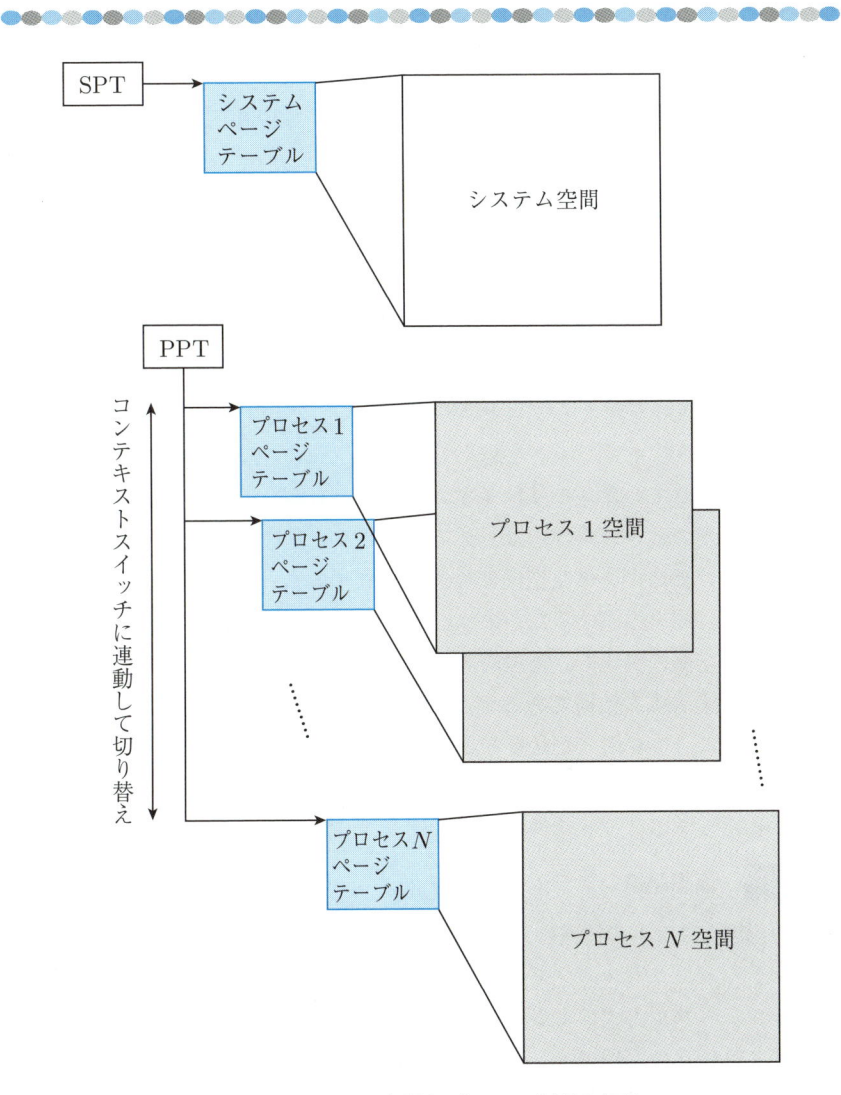

図 4.7 システム空間とプロセス空間の実現

4.5 仮想記憶システムの構造

以上のようなメモリアーキテクチャによって，きわめて強力で使いやすい仮想的なメモリ装置を実現する基本的な枠組みが得られた．例えば32ビットのアドレスを持つコンピュータでは，2ギガの共通なシステム空間に加えて，各ユーザプロセスは，そのプロセス専用の2ギガのプロセスメモリ空間を持つ．しかし，もちろん実際に装備されているメモリは限られているため，この仮想化の機構のみでは，実際に各プロセスに十分なメモリを与えることはできない．例えば，この教科書の執筆に使っている私のコンピュータシステムには，二つのOSが動作し200を越えるプロセスが動作している．すると，そのアドレス空間の総量は，400ギガバイトを越えてしまうが，現実にこのコンピュータシステムに装備されているメモリは4ギガバイトである．

メモリ管理の残された課題は，メモリ資源の管理者として，限られた物理メモリを各プロセスのメモリ空間に最適に配置することである．OSのメモリ管理は，この目的を達成するためのプログラムである．ページテーブル方式によるアドレス空間の実現も，物理的なメモリ装置を仮想化し，より使いやすいメモリ装置を実現する機構であるが，OSのメモリ管理は，このメモリアーキテクチャの上に，プロセスが必要なときに必要なアドレス部分に常に物理メモリを配置することを可能にする強力な仮想的なメモリ装置を実現する．その意味で，これから学ぶメモリ管理システムは，特に**仮想記憶システム**と呼ばれる．

4.5.1 仮想記憶システムの考え方

仮想記憶システムの構造に入る前に，まずページテーブルを用いたメモリアーキテクチャとプロセスのメモリ使用の特徴を振り返ってみよう．

ページテーブル方式によるメモリアーキテクチャの最大の特徴は，物理メモリ装置とは独立の論理アドレス空間を実現している点である．論理アドレス空間はページテーブルを用意することによって作成されるが，そのページテーブルの各エントリに物理メモリを設定しない限りメモリの実体は存在しない．このような構造を持つ論理アドレス空間は，資源の管理者の観点からみると，ソフトウェアによって自由にメモリ実体をページごとに供給できる空間である．し

かも，このメモリ実体の供給は，そのアドレスがアドレス変換ハードウェアによって参照される以前であればいつでもよい．

一方，プロセスのメモリの使用には以下のような特性がある．

- プロセスのメモリ空間は，任意の時点で一つしか使われない．
- 通常メモリ空間のごく一部しか同時に使用されない．

この事実は，たとえ大きなメモリ空間を必要とする多量のデータを使うプログラムが何百と動作しているシステムでも，ある時点でCPUが実際にアクセスするメモリは，プロセスの使用するメモリの総量のごく一部であることを意味する．

そこで，プロセスの膨大なメモリ空間集合の実体を，コンピュータの物理メモリよりもけた違いの大きな容量を用意できるディスクなどの外部記憶装置に保存しておき，プロセスが実行される直前に，これから使用される論理アドレスを含む論理ページを2次記憶装置から物理メモリ上のページフレームに読み込み，さらに，プログラムが進行し新しい論理ページが必要になる直前に，もうアクセスされない論理ページのコピーを持つページフレームを2次記憶に書き戻し，それによって空きとなったページフレームに新たに必要になる論理ページを読み込むことを繰り返せば，限られた物理メモリを使って，それとは比べ物にならない巨大なメモリ空間を持つ計算機システムを実現できる可能性がある．仮想記憶システムは，このような考え方に基づき，メモリ空間の内容を2次記憶装置に保持し，論理空間の中で必要な部分を動的に物理メモリにコピーすることによって，システムの物理メモリ容量より遥かに大きなしかも多数のプロセスのメモリ空間を持つメモリ装置を実現するソフトウェアである．

4.5.2 デマンドページング方式

仮想記憶システムの基礎をなす「プログラムが使う部分に，一時的に物理メモリに与える」というアイデアをもし完全に実現できるなら，画期的な記憶管理システムが実現できるはずである．しかし，プログラムが近い将来必要とする論理空間の部分集合をあらかじめ正確に予測することは不可能である．そこで，仮想記憶システムは，以下のような戦略で，プログラムが近い将来必要とする論理空間の部分集合を近似する．

(1) プログラムが実際にまだ物理メモリにコピーされていないページを参照したとき，そのページを物理メモリ上のページフレームにコピーする．

(2) このときに物理メモリに空きがなければ，他の論理ページが持つ物理ページフレームを一つ選び2次記憶に書き戻し，そのページフレームを使用する．

この方式は，実際にプログラムがページを要求したときに物理ページを供給するため，**デマンドページング**（要求ページング，on demand paging）と呼ばれる．プログラムのページ要求は，プログラムが物理ページにコピーされていない論理アドレスを参照したとき，アドレス変換ハードウェアによって検出され，メモリ管理プログラムに通知される．

アドレス変換ハードウェアは，TLBに存在しない論理アドレスを検出すると，その論理アドレスに対応するページテーブルエントリを取り出し，その有効ビット V をチェックする．この V ビットが1であれば，その論理ページは物理ページにコピーされていることを意味する．この場合，以前学んだ通りのアドレス変換が行われ，物理アドレスが生成される．この V ビットが0であれば，対応する物理アドレスは存在せず，FRAME エントリは無効である．この場合，アドレス変換ハードウェアは，アドレス変換例外を発生させる．**図 4.8** に，アドレス変換例外の検出も含めたアドレス変換処理手順を示す．

アドレス変換例外は，通常のプログラムが引き起こす例外とは性質の異なる特別な例外であり，**ページフォルト**と呼ばれる．OS の例外処理ルーチンは，ページフォルトを検出すると，例外を起こした論理ページ番号を引数として仮想記憶システムを呼び出す．仮想記憶システムは，引数として渡された論理ページに対する物理ページを割り当てる処理を行う．ページフォルトは，プログラムからの物理ページ割り当て要求である．デマンドページングを実現する仮想記憶システムは，例外処理機構からみると，ページフォルト発生時にハードウェアから呼び出される例外処理プログラムである．

4.5.3 ページングのためのデータ構造

仮想記憶システムの基本は，論理アドレスの実体を2次記憶装置上に保存することであった．論理ページは2次記憶装置上のページに対応付けられ，さらに，そのページに物理メモリが与えられている場合には，そのページフレーム

番号とも対応付けられる．仮想記憶システムは，ハードウェアと連携してこの対応関係を維持するソフトウェアと見なすことができる．

　論理アドレス空間の実体が置かれる2次記憶装置上の領域をページファイルと呼ぶ．ページファイルは，システムの中に一つ存在し，ページサイズと同一のサイズを持つブロックに分割された特別なファイルである．したがって，2次

```
φ(S,P,D) = if TLB[SP] == F
              return (F ⊕ D);
           else if S == 0
              {
                 PTE = SPT[P];
                 if PTE.V = 1
                    {
                       F = PTE.FRAME;
                       TLB[SP] = F;
                       return (F ⊕ D);
                    }
                 else
                    { アドレス変換例外を通知 }
              }
           else
              {
                 PTE = PPT[P];
                 if PTE.V = 1
                    {
                       F = PTE.FRAME;
                       TLB[SP] = F;
                       return (F ⊕ D);
                    }
                 else
                    { アドレス変換例外を通知 }
              }
```

図 4.8　仮想記憶システムにおけるアドレス変換処理手順

記憶上のページの位置は，フレーム番号と同じ大きさのページファイル内のブロック番号で表現できる．このページファイル上の位置を示す番号を，ここではブロック番号 (BLOCK) と呼ぶことにする．

仮想記憶システムは，各論理アドレス空間の論理ページ番号 (P) に対して，以下の対応（マッピング）を保持しなければならない．

$$P \Longrightarrow \begin{cases} (BLOCK, FRAME) & \text{（物理メモリ上にコピーのあるページ）} \\ BLOCK & \text{（物理メモリ上にコピーのないページ）} \end{cases}$$

論理ページのコピーが物理メモリ上にある場合，そのページフレーム番号はページテーブルエントリの FRAME フィールドに保持される．ブロック番号を保持する簡単な方法は，ページテーブルとは別に，ブロック番号を保持する配列を用意することである．しかし，論理ページが物理ページを持たない場合は，ページテーブルエントリの FRAME フィールドはハードウェアによって参照されることはない．そこで，論理ページのコピーが物理ページ上にない場合は，ブロック番号をページテーブルエントリの FRAME フィールドに記憶することにし，論理ページが物理ページを持つ場合のみ，ブロック番号を別の配列に記憶することにする．この配列の大きさは，物理ページの数である．以降，この配列をディスク配列と呼び DISK と書くことにする．物理ページの数は論理ページの総量に比べて遥かに小さいため，このようにすると，各論理ページ番号に対するページファイルブロック番号を持つ配列を用意するより，メモリ領域を大幅に節約できる．ページテーブルを PT とすると，ページ番号が P である論理ページに対して，ページテーブルエントリが有効であるか否かにより，フレーム番号とブロック番号を以下のように記録する．

ページ状態	フレーム番号	ブロック番号
有効	F = PT[P].FRAME	B = DISK[F]
無効	−	B=PT[P].FRAME

すなわち，論理ページにページフレーム F が割り当てられている場合，対応するページテーブルエントリは「有効」であり，FRAME フィールドに F が設定されている．この場合，DISK 配列の F に対応するエントリにこのページのページファイルブロック B が保存される．図 **4.9** にこの対応関係の概要を示す．

デマンドページング方式では，メモリ管理は，要求された論理ページを 2 次記憶装置から物理ページに読み込み，不要になったら，一時的なコピーである

4.5 仮想記憶システムの構造

物理ページを 2 次記憶装置に書き戻し，その物理ページを他の論理ページのために解放する．しかし，論理ページが読み込まれてから一切変更されなかった物理ページは，2 次記憶装置上にある論理ページの原本と同一であるから，書き戻す必要はない．デマンドページングに伴うオーバヘッドを少なくするためには，変更されないページの書出しは避けるのが望ましい．そこで，ページテーブルのエントリに，ページが書き換えられたか否かを示す変更ビット (M) を設け，メモリの書き換え命令を実行するときにハードウェアがセットすることにする．メモリ管理は，ページを読み込んだときこのビットを 0 にリセットしておけば，ページを読み込んだ後，プログラムがページを変更したか否かを判定することができる．この変更ビット以外に，ページテーブルエントリには，アクセス権限に関する情報が含まれる．これらを含むページテーブルエントリは，以下のような構造を持つ．

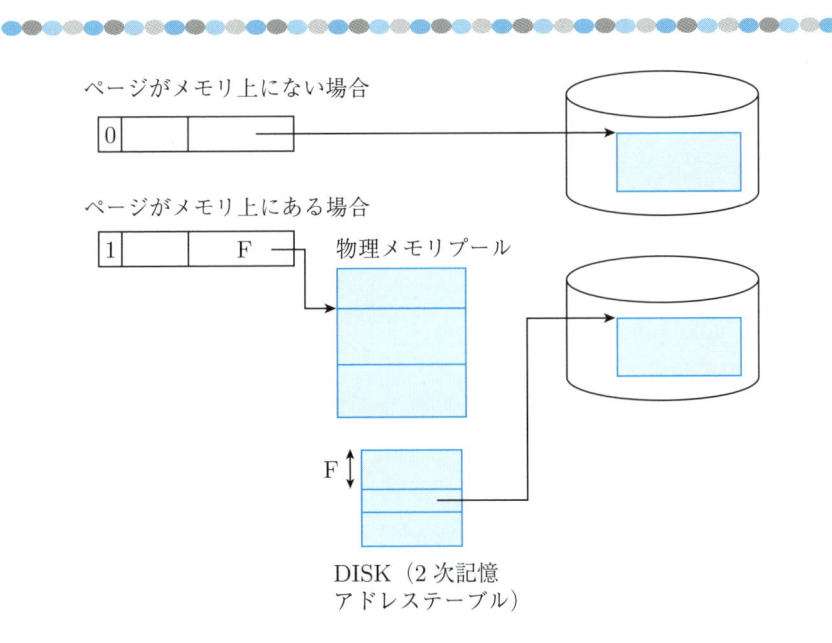

図 4.9 論理ページとページファイル，物理ページとの対応

| V | M | ... | FRAME |

4.5.4 デマンドページングの処理の流れ

仮想記憶管理システムは，これらデータ構造を使い，デマンドページングを実行する．

現在実行中のプロセスが，物理ページの割り当てられていない論理メモリアドレスの読出しや書込み処理を行うと，アドレス変換ハードウェアは，ページフォルト例外（アドレス変換例外）を発生させる．この例外処理ルーチンから，ページフォルトを起こした論理ページ番号 P を引数として，デマンドページングを行う仮想記憶システムが呼び出され，以下の処理が行われる．

(1) ページフレームを 1 フレームを確保する．確保したフレーム番号を F とする．

(2) ページテーブルエントリ PT[P] の FRAME フィールドからページファイルブロック番号 B を取り出し，DISK 配列に記録した後，ページテーブルエントリの FRAME フィールドに F をセットする．

(3) ページファイルのブロック B をページフレーム F に読み込むための入出力要求を出す．

ページフレームを 1 フレーム確保する処理とページファイルブロック B をページフレーム F に読み込む入出力要求をそれぞれ getPageFrame() および pageReadRequest(F,B) と書くと，以上の一連の処理は，以下のような疑似コードで表現できる．

```
F = getPageFrame();
B = PT[P].FRAME;
DISK[F] = PT[P].FRAME;
PT[P].FRAME = F;
pageReadRequest(F,B);
```

pageReadRequest(F,B) は，通常の入出力要求と同様，プロセスのコンテキストスイッチを引き起こし，プロセスを入出力処理完了待ちの状態にする．この後の処理は，ページブロックの読込みが完了したときに通知される入出力処理

完了割り込み処理によって行われる．入出力処理完了割り込み処理は，完了した入出力処理がページファイルブロックの読込みであることを検出すると，対応するプロセスページテーブルを見つけ，ページ番号 P のページテーブルエントリの有効ビットを 1 にセットし，変更ビットを 0 にリセットした後，プロセスを実行可能状態に遷移させる．

この後プロセスが実行されると，アドレス変換例外を起こした命令が再実行される．すでにページは読み込まれておりページテーブルは有効になっているので，アドレス変換は成功し，命令は正常に実行される．プロセスからみると，この仮想記憶システムによる処理と入出力処理完了割り込み処理による後処理は，アドレス変換例外を自動的に解消する処理に相当する．

4.6　ページフレームの確保戦略

前節で学んだデマンドページングの処理の中で，(1) の「ページフレームを 1 フレームを確保する」処理以外は，すべて機械的に実行可能である．ページフレームの確保は，以下のような処理である．
(1) 未使用のページフレームがあれば，その一つを確保する．
(2) 未使用のページフレームがなければ，以下の処理を行う．
　(a) 何らかの方法で，現在ページフレームが与えられている論理ページ，すなわち $PT[P].V = 1$ なるページ P を選択する．
　(b) P が使用しているページフレーム F を解放する．
　(c) F を使用するページフレームとする．

この一連の処理の中で，項目 (2) の (a) のページフレームを奪い取る論理ページの選択以外は，すべて機械的に実現可能である．未使用のページフレームがあるか否かの判定およびある場合の確保処理は，未使用のページフレーム集合をすべてリストとして管理することによって簡単に実現できる．このリストが空であるか否かを判定し，空でなければ，その先頭要素を取り出せばよい．ページフレームを解放する論理ページ P が選択できれば，その後の処理も，やや複雑ではあるが機械的に実現できる．論理ページ P が使用中のページフレームの解放処理は，このページの変更ビットを参照し，以下のように行えばよい．

```
    F = PT[P].FRAME;
    B = DISK[F];
    PT[P].V = 0;
    PT[P].FRAME = B;
    if PT[P].M == 1
        {pageOutRequest(F,B);}
```

pageOutRequest(F,B) は，ページフレーム F の内容をページファイルブロック B に書き出すための入出力処理要求である．変更ビットがセットされているページの解放は，この入出力処理要求の完了によって完了し，処理が再開される．

デマンドページングによる仮想記憶システムの実現のための残された課題は，$PT[P].V = 1$ なるページの中からページフレームを解放するページ P を選択する処理の実現である．この処理は，他の論理ページが使用中のページフレームを奪い取ることを意味する．この処理によってページフレームを持つ論理ページの入れ替えが発生するため，ページフレームの確保処理を**ページの入れ替え** (page replacement) と呼ぶ．デマンドページング方式に基づく仮想記憶管理の最大の課題は，最適なページ入れ替えアルゴリズムの開発である．

仮想記憶システム開発の初期の段階では，現在使用中のページフレームをシステム全体で一括して管理するグローバルな管理方法が試みられた．グローバルな管理方式では，物理ページが与えられている論理ページに何らかの方法でそれらページの優先度を表す順序を付け，物理ページを持つ論理ページの集合を，順番が付いたリストとして管理する．リストの先頭に一番優先度が低いページが来るようにすれば，新たに物理ページが必要となったら，リストの先頭の要素を選びだせばよい．この方式では，いかにして物理ページを持つ論理ページ集合に，その優先度を反映したグローバルな順序をつけるかが課題となる．その戦略には，以下のようなものがある．

- **FIFO** (First-In-First-Out) 戦略．全ページの中で，一番長く使用されていた物理ページを使用する方式である．最後に割り当てられたものは，割り当てられたばかりであるから，これから使用される頻度が高く従って優先度が高いと解釈する考え方に基づく．この方式は，新たに物理ページを

割り当てられた論理ページを，つねにリストの最後に置くだけで実現できる利点がある．
- **LRU** (Least-Recently-Used) 戦略．最近最も使われなかったページを選択する方式である．最近参照されたページは，今後も参照される可能性が高いと考え，優先度が高いと解釈する考え方に基づく．この方式を実現するためには，最後に参照されてから現在までの時間が長いページ，つまり最近最も使われなかった (Least-Recently-Used) ページがつねにリストの先頭にくるように管理できれば実現できる．これを実現することは困難であるが，4.8 節で学ぶ通り，ページ参照をハードウェアで管理する機構の助けを借りれば，LRU に近い効果が実現できる．

これらを含む種々の戦略が考えられ，システム全体の性能を最適にするチューニングパラメタが探索されたが，効率のよい実用的なグローバルな戦略は発見されなかった．

4.7 スラッシング問題

グローバルな管理方式では，システムの負荷がある程度上昇すると，システムの計算資源のほとんどが，仮想記憶システムのページ入れ替えによって消費される**スラッシング**と呼ばれる現象が発生し，システムが機能を停止してしまう問題があった．

スラッシング現象を理解するために，それぞれ独立に別なプログラムを実行してい3個のプロセス $\{A, B, C\}$ からなるシステムを考えてみよう．簡単のために，プロセスはラウンドロビンで CPU が与えられるとし，各タイムスライス間にプロセスが使用するページ集合が2ページずつ変化していくと仮定する．プロセス A の i 番目の新しいページ参照ページを A_i と書くと，タイムスライスごとの参照ページ集合は以下のようになる．

	タイムスライス 1	タイムスライス 2	⋯
A 参照ページ集合	A_1, A_2, A_3, A_4, A_5	A_3, A_4, A_5, A_6, A_7	⋯
B 参照ページ集合	B_1, B_2, B_3, B_4, B_5	B_3, B_4, B_5, B_6, B_7	⋯
C 参照ページ集合	C_1, C_2, C_3, C_4, C_5	C_3, C_4, C_5, C_6, C_7	⋯

プロセスは，

$$A \longrightarrow B \longrightarrow C \longrightarrow A \longrightarrow B \cdots$$

の順にスケジュールされるとすると，3回のプロセスコンテキストスイッチが起こった直後のページ参照系列は，

$A_1, A_2, A_3, A_4, A_5, B_1, B_2, B_3, B_4, B_5, C_1, C_2, C_3, C_4, C_5$（現時点）

であり，今後参照されるページ列は

（現時点）$A_3, A_4, A_5, A_6, A_7, B_3, B_4, B_5, B_6, B_7, C_3, C_4, C_5, C_6, C_7, \cdots$

である．今，システムは9ページの物理メモリを持ち，デマンドページングを行うとする．グローバルな管理方式では，この時点で，

$$\{B_2, B_3, B_4, B_5, C_1, C_2, C_3, C_4, C_5\}$$

の各ページに物理ページが割り当てられていることになり，コンテキストスイッチ後のプロセス A のページはすべて奪われてしまっている．そのため，プロセス A が実行を開始すると，A が使用するページ集合 A_3, A_4, A_5, A_6, A_7 のすべてに対してページフォルトが発生する．この現象の原因は，プロセス B と C が実行する際，自分のページですでに使われないページがあるにも関わらず，別のプロセスである A のページを奪い取って使用していることである．その他のプロセスも同様に，CPU が与えられた直後はそのプロセスのページがすべて奪われている状況が発生し，ページフォルトの回数が必要以上に多くなってしまます．

　以上のごく簡単な例からも理解される通り，スラッシングの原因は，システムは独立に実行されるプロセスの集合であることを考慮しなかった点にある．システム内のプロセスが増え，物理メモリに対してメモリ要求の総和が大きくなると，システム全体の論理ページに対して物理ページを割り当てるグローバルな戦略では，プロセスが獲得した物理ページは，そのプロセスの次の実行までにすべて奪われてしまい，コンテキストスイッチが起こりプロセスに実行権が与えられたとき，実行に必要なページ参照がすべてページフォルトを起こしてしまう．その結果，システムは，ページフォルト処理にほとんどの計算能力を費やすことになってしまう．これが，MIT のマルチクスプロジェクトなどの仮想記憶システムの研究者を悩ませたスラッシングの原因である．

4.8 ワーキングセットモデル

スラッシングの問題を解決するために，デニング (P. J. Denning) によって，**ワーキングセットモデル**と呼ばれる物理ページ管理方式が提案された．その基本的な考え方は以下の通りである．

(1) ページの参照は，プログラムの処理に由来する局所性を持つ．プログラムが効率よく実行できるためには，その時点でプログラムが参照するページ集合が物理メモリ上にある必要がある．このページ集合がプロセスのワーキングセットである．

(2) 仮想記憶システムは，プロセスのワーキングセットに対して物理ページを与える．

(3) ページフォルトは，ワーキングセットが変化したときに発生する．したがって，ページフォルト処理では，ページフォルトを起こしたプロセスのその時点のワーキングセットから1論理ページを選択し，その論理ページが持つ物理ページを，新たに参照のあった論理ページに与えることによって，そのプロセスのワーキングセットを変更する．

(4) システムのメモリ需要は，プロセスのワーキングセットの総和である．システム全体の負荷調節は，システム内で同時に実行するプロセス数を調整することによって行う．

この方式の最大の特徴は，ページフォルトをプロセス固有のワーキングセットの変化と捉えている点である．この方式が実現できれば，プロセスのページフォルトに伴うページの入れ替えはそれぞれのプロセスのワーキングセット内で行われるため，実行を待っている間に，他のプロセスによって物理ページを奪い取られることはなく，スラッシングは起こらない．

このモデルを基礎にページングシステムを作るためには，プロセスのワーキングセットを把握する必要がある．もちろんプロセスが現在および近い将来使用するページ集合は予測できない．そこで，ある時刻 t のワーキングセットを，プロセスが時刻 $t-\tau$ から時刻 t までに参照したページ集合 $W(t,\tau)$ として近似する．この τ を適当に調整することによって，ワーキングセットの大きさを調

整し，最適なページの分配を図る．前節の例では，各プロセス A, B, C は1回の実行に5ページ参照しその内2ページが変化しているので，それぞれのワーキングセット W_A, W_B, W_C の大きさを3とするのが妥当であろう．この仮定の下でページングを行うと，3回目のコンテキストスイッチによってプロセス A が選択され実行される直前の物理メモリは，以下のように各ワーキングセットに分配されている．

W_A	W_B	W_C
$\{A_3, A_4, A_5\}$	$\{B_3, B_4, B_5\}$	$\{C_3, C_4, C_5\}$

プロセス A のワーキングセット W_A は，プロセス A が以前実行を中断した時点で使用していたページ集合 A_3, A_4, A_5 を保存しているので，プロセス B, C の実行の後プロセス A が再開しても，新しいページ A_6 の参照が起るまでページフォルトは発生しない．

ワーキングセットモデルに基づくページングを実現するために，仮想記憶システムは，各プロセスに対して，以下の情報を管理する．

- 最大ワーキングセットサイズ： WMAX
- 現在のワーキングセットサイズ：WSIZE
- ワーキングセット配列： WS[WMAX]
- ページングに関する統計情報

最大ワーキングセットサイズ WMAX は，プロセスの種類やプロセスを起動したユーザの権限などによって決定される．ワーキングセット配列 WS は，現在物理アドレスが与えられているページの論理ページ番号の配列であり，WS[1] から WS[WSIZE] までの論理ページがそのプロセスのワーキングセットである．ページングに関する統計情報は，ページフォルトの頻度などの情報である．この情報などを参考に，仮想記憶システムは，最大ワーキングセットサイズの範囲内でワーキングセットサイズを動的に調節する．

ワーキングセットモデルは，物理ページの確保の際,「何らかの方法で，現在物理ページが与えられているページを選択する」処理の最適な実現のために考えられたモデルであったことを思いだそう．ワーキングセットモデルに基づくデマンドページングでは，この処理を，ページフォルトを起こしたプロセスの

ワーキングセット WS から一つのエントリ WS[i] を選ぶことによって実現する．この選択のための戦略には，グローバルな管理の場合と同様，FIFO または LRU が考えられる．

FIFO 戦略は，新しくワーキングに入ったページは，古くからあるページより，近い将来参照される可能性が高いとの仮定を基礎とする戦略である．この戦略は，図 **4.10** に示すように，最も古いエントリを表す変数 NEXT を使い，ワーキングセットを円環リストとすることによって実現できる．

FIFO 戦略では，長く使用され続けるページも，一定の周期でページアウトされてしまうという欠点がある．LRU 戦略は，ページの参照履歴を考慮することによって，FIFO の欠点を補う戦略である．概念的にはより優れた戦略であるが，厳密な実現は困難である．一つの近似方法として，参照ビットと呼ばれるハードウェア機構を使用した**クロックアルゴリズム**と呼ばれる方法が知られている．ページテーブルエントリに以下のような 1 ビットの参照ビットフィールド R を設ける．

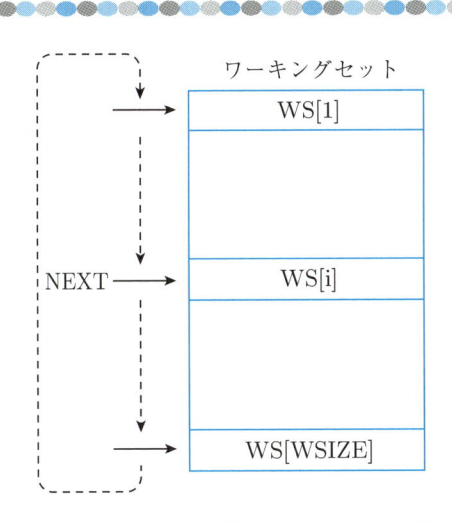

図 **4.10** ワーキングセットの **FIFO** 管理

| V | M | R | ⋯ | FRAME |

アドレス変換ハードウェアは，論理ページ内のアドレスが参照されるごとに，この**参照ビット**を ON にする．この R ビットが ON であるページは，過去に少なくとも 1 度は参照されたことを意味する．仮想記憶システムが，一定時間 τ の間隔でこの参照ビットを OFF にできれば，現時刻 t おいて，$t-\tau$ から t までの間に参照のあったページだけが，この参照ビットが ON になっているはずである．そこで，WS 配列の中で，この参照ビット R が OFF であるページを選べばよいことになる．しかし，この一定時間間隔 τ は，タイマで設定できる実時間ではなく，プロセスの実行時間でなければならない．プロセスの実行時間を計測し，τ 時間ごとに，参照ビットをすべて OFF にする処理は，原理的に可能であるにせよ，大きなオーバヘッドを伴い現実的ではない．そこで，クロックアルゴリズムは，以下の方法を用いる．

- FIFO 戦略と同様，NEXT 変数を使って WS[1] から WS[WSIZE] を円環リストとして管理する．
- ページフォルトが起こったら，参照ビットが OFF のページが見つかるまで，WS[NEXT] の参照ビットが ON であれば OFF にし，NEXT ポインタを 1 進めることを繰り返す．

この方式によって，前回のページフォルトから 1 回も参照されなかったページがあれば，そのページが先に使用される．この性質により，無駄なページフォルトが大幅に減少すると期待される．

4.9 スワッピングによるシステム負荷の調節

ワーキングセットモデルは，コンテキストスイッチに伴う不要なページフォルトを回避し，スラッシング問題を解決する優れた方式である．残る課題は，システム全体の負荷調節である．

ワーキングセット法の考え方は，各プロセスに対して，そのプロセスが近い将来使用するページに対して物理メモリを与える，というものである．もちろん，

4.9 スワッピングによるシステム負荷の調節

この方式のみでは，システムの負荷が増加し物理ページが不足すると，プロセス起動要求に答えることができなくなり，より優先度の高いプロセスなどの起動ができなくなり，システムの応答性やデバイスの利用効率などの低下などのシステム性能の悪化を招いてしまう．一方，現在起動されているプロセスの中には，入出力処理の完了やシグナル待ちなどで実行できないプロセスや，優先度の低いプロセスが存在する．そこで，仮想記憶システムは，システムの物理メモリの要求が増大した場合，種々の待ち状態のプロセスや優先度の低いプロセスを選択し，一時的にシステム外に待避し，そのプロセの持つ物理ページをすべて解放する処理を行う．この処理をスワップアウトと呼ぶ．スワップアウトは，プロセスの持つワーキングセットを一括して，スワップファイルと呼ばれる2次記憶装置の領域に書き出す処理である．スワップアウトされたプロセスは，システムのメモリ負荷が低減し，使用可能な物理メモリが増えたら，ス

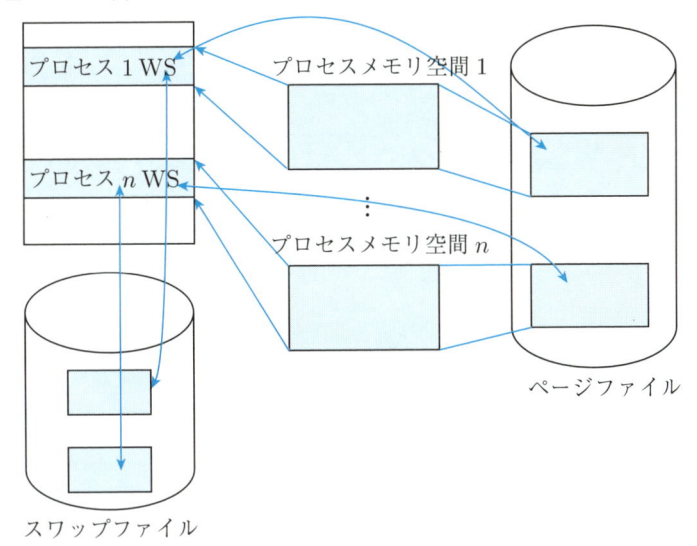

図 4.11 ワーキングセット法に基づく仮想記憶管理の概要

ワップファイルに書き出されたワーキングセットを一括して読み込むことによって，再び通常のプロセスとしてプロセス管理の管理下に戻される．この処理をスワップインと呼ぶ．この方式によるシステムの負荷調節を**スワッピング**と呼ぶ．スワッピングは，プロセスの持つワーキングセットを一括して保存し，復旧するので，奪い取られたページを1ページずる回復しなければならないグローバルなページングと違い効率的に実行でき，スラッシングを起こすこともない．

　ワーキングセットモデルによる仮想記憶システムでは，ページングとスワッピングを組み合わせ，仮想メモリを実現する．プロセスの仮想メモリ空間の実体は，プロセス生成時にページファイル上に確保される．ページングは，プロセスメモリ空間の中でプログラムが実際に使用しているページ集合を，動的に物理メモリにコピーする処理を行う．スワッピングは，いくつかのプロセスのワーキングセットを一括してスワップファイルと呼ばれる2次記憶に保存し，実際にシステム中でワーキングセットを持ち実行するプロセスの数を調節し，システム全体の負荷調節を行う．スワッピングはワーキングセット全体を保存するため，ページングに影響を与えない．システムの負荷が減少しスワップアウトされたプロセスがスワップインされれば，以前と全く同一のワーキングセットで実行が再開される．

問　題

確認問題

1. 計算機システム内の記憶装置の種類とその用途を述べよ．
2. 計算機システムにおける主記憶装置の主な用途は何か．
3. メモリ管理の目的を，コンピュータの管理者と仮想コンピュータの提供の二つの観点から述べよ．
4. 論理アドレスと物理アドレスの違いは何か．
5. アドレス変換機構が使用するデータ構造を説明せよ．
6. TLB とは何か．
7. システム全体が一つのメモリ空間であり，TLB を持たない単純な場合を仮定し，ページテーブル方式によるアドレス変換の概要を記述せよ．
8. 複数の種類のアドレス空間を実現するためのハードウェア機構を説明せよ．
9. プロセス固有のメモリ空間を実現するハードウェア機構とソフトウェア機構を記述せよ．
10. 仮想記憶管理下でのアドレス変換例外処理の流れを説明せよ．
11. ページング方式の仮想記憶管理システムは，論理アドレスと物理アドレスおよび2次記憶上のページの対応を管理する．このためのデータ構造を記述せよ．
12. ページテーブルエントリにある有効ビット (V)，変更ビット (M)，参照ビット (R) のそれぞれについて，その役割を説明し，そのビットがセットされる状況およびリセットされる状況を説明せよ．
13. 仮想記憶管理下での，読込み専用ページの状態変化を記述せよ．
14. 仮想記憶管理下での，読み書き可能ページの状態変化を記述せよ．
15. ページ入れ替え戦略 FIFO と LRU を説明せよ．
16. スラッシングとはどのような現象か．
17. ワーキングセットについて説明せよ．
18. ワーキングセット法で用いられるクロックアルゴリズムの概要を説明せよ．
19. スワッピングとページングの役割を説明せよ．

演習問題

1. 変更されているページフレームの解放にはそのページフレームをページファイルへ書き出す必要がある．したがってこの処理には入出力処理に伴う待ちが発生する．この点を考慮し，未使用リストが空の場合のアドレス変換例外の流れを記述せよ．これらを含むページ入れ替え処理が，割り込みではなく，2.5 節で学んだ例外として実現される利点を考察せよ．
2. 本章では，ハードウェアがページテーブルを参照するアドレス変換機構を考えたが，ソフトウェアで実現する方式も考えられる．ソフトウェア方式では，ハードウェアのアドレス変換機構は TLB のみを参照し，TLB に登録されていなければアドレ

ス変換例外を発生させる．それに加えてハードウェアは，ソフトウェアと連携するために，TLB への登録および TLB の削除を行う命令を提供する．この前提の下で以下の手続きを記述せよ．

  (a) ハードウェアとソフトウェアが行うアドレス変換処理
  (b) デマンドページングを実現するためのアドレス変換例外処理
3 通常プロセスページテーブルは，以下の図に示すように，システム空間に置かれる．

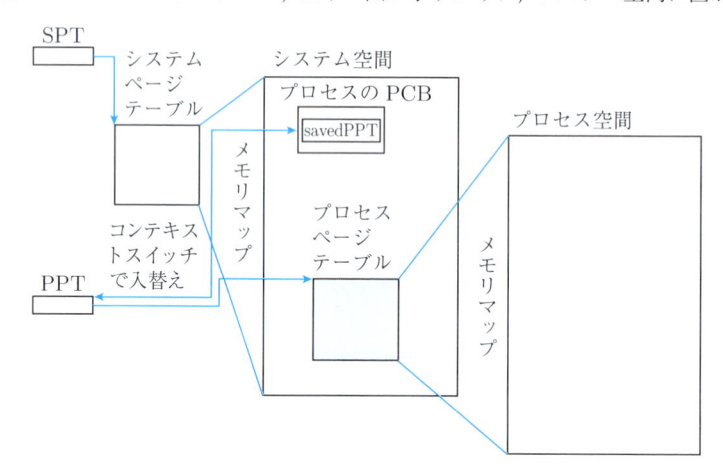

```
SPT                 システム空間
   システム      プロセスの PCB
   ページ         savedPPT
   テーブル                     プロセス空間
                    プロセス
   コンテキ         ページ       メモリ
   トスイッチ       テーブル     マップ
   で入替え
PPT
```

  (a) その利点を考察せよ．
  (b) この場合のアドレス変換関数の動作を記述せよ．
4 プロセス管理は，仮想記憶管理よってなされるプロセスの状態遷移も考慮する必要がある．
  (a) ページフォルトを起こしたプロセスは，一時的に，ページ読込み完了待ちの状態となる．このページの読込みも入出力処理の一種であり，ページの読込み中のプロセスは入出力処理の完了待ちのプロセスと同様の管理が必要である．ページ待ち状態も考慮したプロセスの状態集合を考え，状態遷移の概要を記述せよ．
  (b) プロセスが仮想記憶管理によってスワップアウトされると，その前の状態に応じて，新たな状態に移行する．スワップアウト状態も考慮したプロセスの状態集合を考え，状態遷移の概要を記述せよ．
5 本章で学んだ仮想記憶システムのモデルでは，論理ページの実体はページファイルにあり，最初に参照されたとき，ページファイルから読み込まれると考えた．しかし，例えばプログラムのような変更されないデータの場合，ページの実体は別ファイルにある．また，プログラムが使用する初期値のない作業域は，最初に参照されたとき，その実体はページファイル上には存在しない．仮想記憶システムはこれらのページを適切に扱う必要がある．

ページングを行う仮想記憶システムは，ページファイル以外のブロックも読み込むことができ，また，ページファイルのブロックは動的に確保できると仮定し，ページングにおける以下の種類のページの扱いを，ページの状態の変化を考慮して記述せよ．
- 初期値のある変更不可のページ
- 初期値のない変更可能ページ

6 データには，初期値がありかつ読み書き可能なものがある．これらデータを仮想記憶がサポートする一つの方法は，これらデータを含むページを，最初の参照時にデータファイルからページファイルにコピーすることである．これらページを，「参照時コピーページ (Copy on Reference Page)」と呼ぶことにする．

参照時のコピーと言っても，実際に 2 次記憶装置間でのコピー操作は必要ないことに留意して，以下の問いに答えよ．
   (a) 参照時コピーページの取りうる状態を列挙せよ．
   (b) 参照時コピーページの状態変化を記述せよ．

第5章

入出力管理

　計算機システムには，多量の情報を記録ディスク装置を始めとする種々の入出力装置が装備されている．これら入出力装置は，メモリ，CPU と並ぶ重要な計算資源である．本章では，これら入出力装置を管理する OS の機能を学ぶ．

5.1 入出力管理の目的と構造

　OS の入出力管理の目的は，資源の管理者として，計算機システム内の入出力装置の効率よい利用を実現するとともに，仮想コンピュータの提供者として，高機能で使いやすい仮想的な装置をユーザに提供することである．

　各入出力装置は，それぞれ，データの転送などを CPU とは独立に実行することができる．資源管理の観点からは，できる限り各入出力装置を CPU の処理と並行して実行することによって，計算機システムの資源を最大限に利用することが望まれる．そのために入出力管理は，各装置を直接ユーザプログラムに使用させるのではなく，OS が入出力装置の管理者として装置に対するユーザの要求を受け付け，装置の起動や完了を監視するとともに，OS のプロセス管理と連携し，入出力要求が完了するまで要求を出したプログラムを入出力処理待ちの状態にし，他のプログラムを実行させるなどの処理を実現する．

　この構造は，高機能で使いやすい仮想的な入出力装置の実現にとっても適したものである．入出力装置は多種多様であり，その制御コマンドも複雑である．例えば，装置の利用に際しては，種々の状態やエラー状況を監視し，リアルタイムに適切な対応をしなければならない．さらに，入出力装置が内部で管理する装置の状態情報は，その利用者によって共有される変更可能な資源であり，その更新処理は危険領域である．ユーザが，それぞれの装置ごとに，これらの制御をすべてプログラムするのは困難である．第 1 章で学んだ通り，計算機システムの構築の基本原理は，低レベルの機能を持つコンピュータ上にソフトウェアによって高機能で使いやすい仮想的な計算機システムを実現することであった．この基本原理は，CPU やメモリに留まらず，入出力装置に関しても当然当てはまる．OS の入出力管理は，それぞれの入出力装置が提供する機能を使い，より高性能かつ使いやすい仮想的な入出力装置を実現するプログラムである．例えば後に学ぶ通り，ディスク装置は，それぞれ特有の物理的な構造を持ち，読み書きのできない不良個所も存在する可能性がある．ユーザがこれらディスクの構造に依存した制御や不良個所を避ける処理を書く代りに，OS の入出力管理システムは，それら処理をユーザに代って行うことによって，ユーザには，エラーのない均一の番号で読み書きが可能な仮想的な装置を提供できるようになる．また，物理デバイスが直接提供していないより強力な機能を提供すること

5.1 入出力管理の目的と構造

も可能である．例えば，複数の物理ディスクをひとまとまりとして管理し，より大きな容量を持つ一つの仮想的なディスクを実現したり，データの書込みを多重化することによって，より故障に強い仮想的なディスクを実現したりすることができる．ユーザは，これら複雑な処理の内容を意識することなく，それら機能を実現していない単純な装置の場合と同一のインタフェースを持つ装置として使用することができる．

OS の入出力管理は，以下のような階層的なプログラムによって，装置の最適な管理と使いやすい仮想的な装置の提供という二つの目的を実現している．

(1) デバイスコントローラ
(2) デバイスドライバ
(3) 共通の入出力処理
(4) ファイルシステムなどのプログラム

これらを含む入出力制御の構造を図 5.1 に示す．この図のそれぞれの階層は，そ

| ユーザプログラム |
| ファイルシステムなどのプログラム |
| 共通入出力処理 |
| デバイスドライバ |
| 割り込みハンドラ |
| デバイスコントローラ |
| デバイスハードウェア |

（右側の括弧：ファイルシステムなどのプログラム〜割り込みハンドラ＝OS のプログラム，デバイスコントローラ〜デバイスハードウェア＝デバイス）

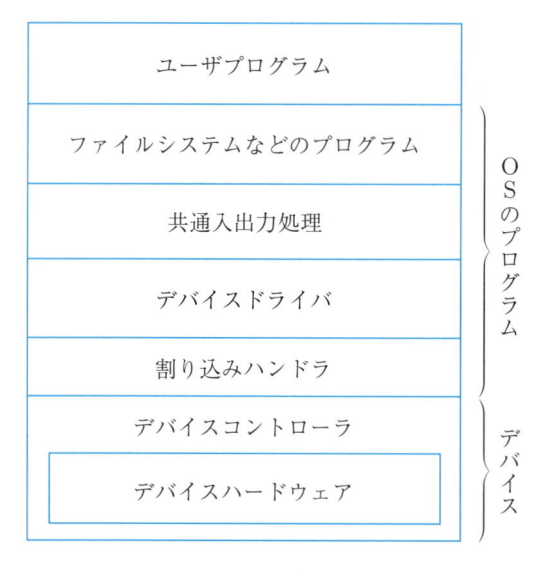

図 5.1　入出力管理プログラムの構造

の下位の階層が提供する装置を仮想化して，より強力で使いやすい仮想的な装置を実現するソフトウェアである．

以下，デバイスコントローラ，デバイスドライバ，および共通の入出力処理の概要を学び，その例としてディスク装置について学ぶ．ファイルシステムに関しては，第6章で詳しく学ぶ．

5.2 デバイスコントローラとデバイスドライバ

入出力装置（デバイス）そのものは，物理的な原理によって，計算機システム内のビット列でコード化された情報を外部に出力したり，外界からの情報をビット列に変換し計算機システムに入力したりする装置である．出力には，ディスプレイへの表示やディスクへの情報の保存，ネットワークへの送信などが含まれる．入力には，キーボードからの文字の入力，マウスによる座標やボタンクリック情報の入力，ディスクに蓄積された情報の読出し，ネットワークからのデータの受信などが含まれる．**デバイスコントローラ**は，このデバイスの物理的な制御を行うハードウェアである．

CPUが，フォンノイマンアーキテクチャの考え方に基づき，計算機ハードウェアの複雑な状態の遷移を制御し，ビット列でコード化された少数（せいぜい数百程度の）命令を実行する逐次機械を実現しているのと同様に，デバイスコントローラは，物理的なデバイスの状態を制御し，ビット列でコード化されたコマンド（命令）を受け取り，そのコマンドを実行し，結果をビット列で表現されたデータとして返す仮想的な装置を実現している．デバイスコントローラは，コマンドを受け取り結果を通知するために，**デバイスレジスタ**と呼ばれるレジスタを持つ．CPUは，デバイスコントローラのレジスタに値をセットすることによってデバイスを動かし，結果をレジスタから読み取ることができる．この構造によって，デバイスは，命令を解釈し装置を操作する特殊なディジタルコンピュータとして動作する．デバイスコントローラの構造の例を図 5.2 に示す．

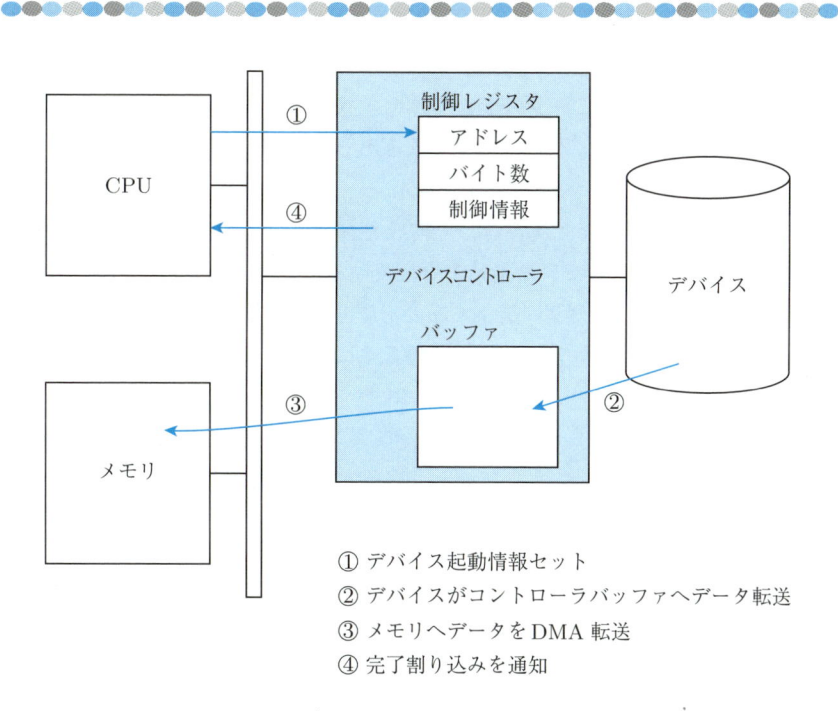

5.2 デバイスコントローラとデバイスドライバ

このデバイスコントローラのレジスタを CPU からアクセスする方法には，特殊な CPU 命令を使用する方法と，システムメモリの一部にそれらレジスタをマップする方法の 2 通りがある．CPU 命令を使用する方式では，各デバイスコントローラに，**IO ポート**と呼ばれる番号が割り当てられ，この番号を引数としてコントローラの持つレジスタに読み書きが行われる．システムメモリの一部にそれらレジスタをマップする方法では，システムのメモリ空間の一部がデバイスレジスタ領域として予約され，デバイスコントローラの接続時に，個々のデバイスコントローラの制御レジスタ群が，予約された領域の一部に対応付けられる．この予約されたシステム空間領域は，通常のアドレス変換機構とは

① デバイス起動情報セット
② デバイスがコントローラバッファへデータ転送
③ メモリへデータを DMA 転送
④ 完了割り込みを通知

図 5.2　**デバイスコントローラの構造の例**

別の処理がなされ，デバイスレジスタにデータが届けられる．この方式を**メモリマップ IO** と呼ぶ．この方式の下では，プログラムは，通常のメモリと同様にデバイスコントローラのレジスタを読み書きできる．メモリマップ IO の概要を図 5.3 に示す．

　デバイスコントローラによって提供される装置は，処理命令を受け取り割り込みを起こすハードウェアであり，その利用には，CPU の持つデバイス操作用の特別な命令や割り込み処理を必要とする．通常これら命令は特権命令として提供され，ユーザプロセスが直接操作することはできない．さらに，デバイスコントローラによって CPU から制御が可能になったとはいえ，デバイスは，その機能によってそれぞれ固有の処理を必要とする．これらデバイス固有の処理を行うプログラムが**デバイスドライバ**である．デバイスドライバは，第 2 章で学んだシステムの割り込みハンドラやシステムサービスから呼び出され，上記のいずれかの方法でデバイスコントローラのレジスタをアクセスし，装置の状態を監視するとともに，システムの標準の入出力インタフェースを，デバイス固有の命令に変換し，入出力処理要求を出し，完了割り込みの処理などを行う．これらの処理は，デバイスの種類によって異なるため，デバイスドライバは，OS から独立のプログラムとして構成され，デバイスをシステムに接続するときに，OS に取り込まれる構造となっている．このデバイスドライバによって，デバイスコントローラの提供するハードウェアが仮想化され，OS 標準の入出力インタフェースが実現される．図 5.4 にデバイスドライバの位置付けを示す．

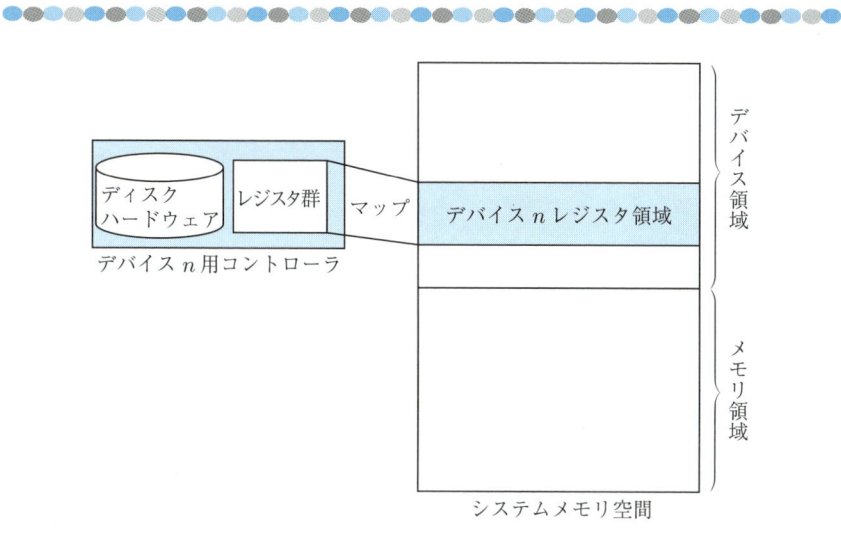

図 5.3　メモリマップ IO の構造

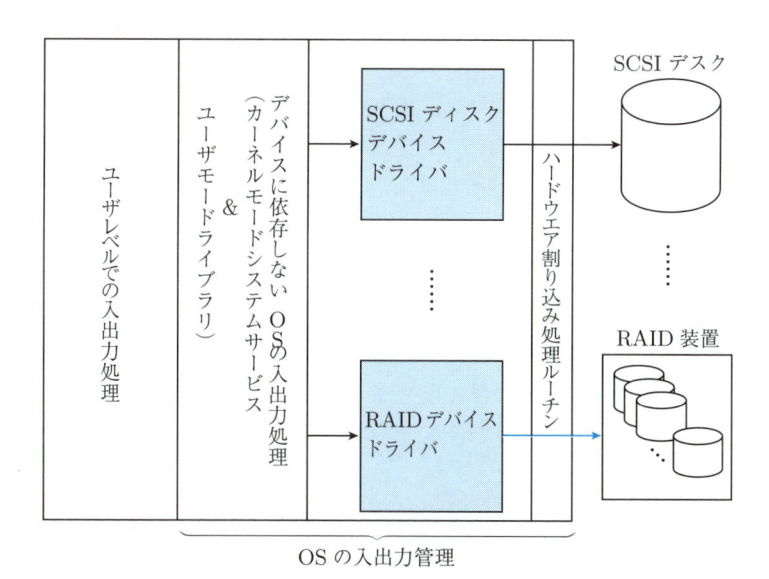

図 5.4　デバイスドライバの位置つけ

5.3 入出力処理装置のプログラミング

　デバイスドライバは，デバイスコントローラが提供する制御レジスタを操作することよって，標準的な入出力インタフェースを実現する．この制御方式には，デバイスコントローラの提供する機能によって，プログラムによる制御と割り込みによる制御の二つがある．

　プログラム制御方式を採用するデバイスコントローラは，現在の装置の状態と入出力データを置くデバイスレジスタを持っている．デバイスドライバは，デバイスレジスタを明示的に読み書きすることによって入出力処理を実現する．例えばプログラム制御方式で文字列を出力する装置の場合，デバイスドライバは，状態レジスタを定期的にチェックし，次の文字が受け入れ可能な状態になったことを確認した後，次の文字をデータレジスタに書き込むことを繰り返すことによって，文字列の書出し要求を実現する．プログラム制御方式は，すべてをプログラムが制御するため柔軟性が高くまた装置の状態に応じたリアルタイムの処理を容易に実現できるという利点があるが，入出力動作中は CPU が装置をつねに監視していなければならず，CPU の処理と負担が大きくなる欠点がある．このため，特殊な装置の制御システムやリアルタイム装置の制御などに用いられる．

　割り込み制御方式は，デバイスコントローラが，入出力処理の完了を CPU に割り込み要求を出すことによって通知する方式である．この方式では，CPU は，定期的にデバイスレジスタを読み装置の状態を監視する仕事から解放されるため，入出力要求を出した後は，装置の処理と並行して他の処理を実行することができる．さらに，割り込みは優先度を付けて管理されているので，より重要な装置からの割り込みの優先度を高くすることによって，複数の装置の最適な管理が比較的容易に実現できる．この方式の下でのデータの転送方式には，プログラム制御方式と同様にデバイスレジスタを使用する方式と，デバイスコントローラとメモリが直接データを転送する方式がある．レジスタを用いた方式は，キーボードのような 1 文字単位のデータの入出力装置で主に用いられる．デバイスコントローラとメモリが直接データを転送する方式は，**DMA** (direct memory access) 方式と呼ばれ，ディスク装置などの多量のデータを読み書きす

る装置で採用されている．この方式では，デバイスコントローラは，入出力要求を受け付けると，CPU と独立に CPU の動作と並行してメモリとの間でデータ転送を行い，動作が完了したら割り込みを起こす．デバイスコントローラは，命令を受け取るレジスタ，装置の状態を通知するためのレジスタの他に，データ転送を行うメモリのアドレスと，転送が完了していないデータ数を保持するレジスタを持つ．

5.4 共通入出力処理

　物理的な入出力装置は，デバイスコントローラによって，ビット列で表現されたコマンドを受け付けビット列でコード化された入出力データをやり取りする情報処理装置として計算機システムに接続され，デバイスドライバによって装置固有のコマンドの生成や結果の判定，エラー処理などが行われ，仮想的な装置となる．

　デバイスコントローラとデバイスドライバによって実現される仮想的な装置は，装置の種類ごとに定義された標準のインタフェースで動作する装置そのものである．OS の共通入出力処理は，これら装置を多数のユーザで使用する際に必要となる排他制御や処理要求のスケジューリングなどの管理を行うとともに，ユーザに対しては，標準的な手順で簡単に操作するための以下のような機能を提供する．

(1) デバイスドライバに対する標準のインタフェースの定義
　　ディスクやテープなどの入出力装置の種類ごとに，各デバイスドライバが提供すべき標準機能を定義する．デバイスドライバの開発者は，この標準機能の定義を基に，それぞれのデバイスコントローラに対してそれら機能を実現するプログラムを書くことによって，標準のインタフェースで使用できる仮想的な装置を実現できる．

(2) ユーザに対する標準入出力処理の提供
　　例えばディスクなどの記憶装置であれば，
　　　● open：装置の使用の準備
　　　● read：データの読込み

- write：データの書出し
- close：装置使用後の後処理

などの使いやすい高水準な入出力処理を提供する．これらは，ユーザモードでユーザプログラムから呼び出され，システムサービス例外機構を用いて，装置に対して要求を出すプログラムである．ユーザは，これら機能を実現するライブラリ関数を呼び出すだけで，簡単に種々の装置を使用することができる．

(3) バッファリング

入出力装置によって入力されるデータは，最終的にはユーザプロセスによって用意されたデータ域に格納される．しかし，この領域はプロセス固有のアドレス空間上にあるため，デバイスコントローラ（DMA コントローラ）や OS の一部として割り込みコンテキストで動作するデバイスドライバは直接アクセスできない．そこで，ユーザの入出力要求があると，システム空間にバッファ（buffer，緩衝装置の意味）と呼ばれる一時的なデータの格納域を用意する．装置からのデータの入力では，入力データは，まず入出力装置によってシステム空間内のバッファに転送され，その後，プロセスが実行を再開した後，プロセスモードで動く入出力後処理によって，バッファからユーザのデータ領域にコピーされる．この処理をバッファリングと呼ぶ．

(4) 共通のエラー処理

ユーザの入出力要求に際して様々なエラーが発生する．装置の故障などの装置に依存するエラーはそれぞれのデバイスドライバによって処理されるが，その際のユーザへの通知方法などの枠組みは共通である．さらに，ユーザの指定した格納アドレスの不正や装置名の指定誤りなどのユーザのプログラムエラーやデータ転送におけるメモリエラーなどの対処方法は，装置によらず共通である．OS の共通入出力処理は，これらエラーに対処するための共通の処理と枠組みを提供する．

OS の入出力管理は，物理的な装置に対してこれら機能を提供するモニタとして動作し，多数のユーザが同時に使用できる高機能で使いやすい仮想的な装置を実現している．

5.5 入出力装置の例：ディスク装置

計算機システムの入出力装置の中でも最も一般的でかつファイルシステムや仮想記憶システムの実現のためにも使用される磁気デスク装置について，その物理的構造，デバイスコントローラ，およびデバイスドライバを見てみよう．

5.5.1 ディスク装置の構造

磁気ディスクは，磁性体を塗布した円盤（英語でディスク，disk）を高速に回転させ，小さな電磁石でその円盤を特定のパターンで磁化させることによって情報を書き込み，そのパターンをコイルで読み出すことによって情報を読み出す装置である．その構造を図 5.5 に示す．同一の形の円盤が複数積み重なって一つのディスク装置を構成している．各円盤に対して，磁束の変化を読み取ったり磁化させたりするための小さな電磁石を持つヘッドが装備されている．各ヘッドは，中心からの位置がつねに同じになるようにアームに固定されている．円盤が回転しているため，各ヘッドは，円盤上の同心円の帯状の領域のデータを読み取ることができる．したがって，あるアーム位置に対して，円盤が回転して作られる同心円の帯を円盤の数だけ重ねて円筒状に配置されたデータを同

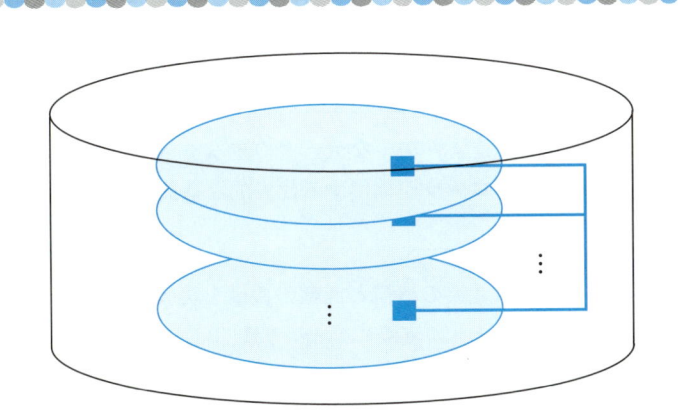

図 5.5 ディスクハードウェアの構造

時に読むことができる．この円筒の領域をシリンダ（cylinder，英語で円筒の意味）と呼ぶ．同一のシリンダに属する各同心円の帯をトラック（track，陸上競技場の走路の意味）と呼ぶ．各トラックは，扇形に分割されている．扇形に分割されたトラック上の一つの断片をセクタと呼ぶ．図 5.6 にディスクのセクタ構造を示す．ディスクは，ヘッド位置を決定するシリンダ番号とシリンダ内の円盤を決めるトラック番号，トラック内のセクタ位置を決めるセクタ番号を指定して，セクタ単位でデータを読み書きする装置である．一つの円盤の中に何個のトラックがあるか，何枚の円盤があるか，また，一つのトラックに何個のセクタがあるかなどは，ディスクの物理的な大きさや磁性体の性質，円盤の回転数などのよって決まる値であり，それぞれのディスクによって異なる．

5.5.2 ディスクコントローラ

ディスク装置を利用するためには，そのディスク装置のシリンダ，トラック，セクタの数を認識し，ディスク装置に対して，アームの移動や読込み，書出しの命令を出す必要がある．例えば特定のデータの読込みには，そのデータのあるシリンダへアームを移動させ，データの最初のセクタの先頭がヘッドの位置に来るまで待ち，ディスクの回転に従って読み込まれるビット列を受け取る必要がある．さらに，ディスク装置は，物理的な動作によってビット列の読み書きを行うため，読込みや書込みのエラーが発生する恐れがある．そのため，エラーの有無の検出と，エラー発生時のエラーの修正や，修正不可能な場合の読み書きの再実行などの処理が必要である．ディスク装置のデバイスコントローラであるディスクコントローラは，ディスク装置のこれら物理的なデータの読み書きの詳細を仮想化し，より均一なデータの読み書き機能を実現する．

一般のディスクコントローラが提供する代表的な機能は以下の通りである．

● 論理ブロックアドレス

前章で学んだアドレス変換の機構と同様の機構を実装し，シリンダ，トラック，セクタからなるディスクの実際の構造を仮想化し，ディスクに含まれる総てのセクタを 0 から始まる論理ブロックアドレスでアクセスできる仮想的な装置を提供する．

5.5 入出力装置の例：ディスク装置

- データのバッファリング

ディスクの物理的なデータの読取りと書込みは，円盤の物理的な回転速度によって決まってしまうが，計算機システムがこの速度に合わせてデータを転送できるとは限らない．そこで，ディスクコントローラは，1回のデータ転送単位を一時的に保存するバッファを持つ．このバッファは，ディスクとのデータの転送専用であり，ディスクの回転速度で決まるデータ転送に合わせて設計されている．ディスクとメモリとのデータ転送は，このバッファを介して行われる．

- 不良セクタの管理

ディスクには書込みや読出しができない不良セクタが発生することがある．ディスクコントローラは，不良セクタを検出すると，その論理ブロック番号を，あらかじめ用意してある未使用の予備のセクタに再割り当てを行うことによって，エラーのない均一な論理アドレス空間を回復する処理を行う．

- エラーチェック

ヘッドによるデータの読取りや書込みは失敗することがありうる．このエラーを検出するために，ディスクの各セクタは，読み書きの対象となるデータに加えて，データのエラーの有無をチェックする **ECC** (error correcting code) と

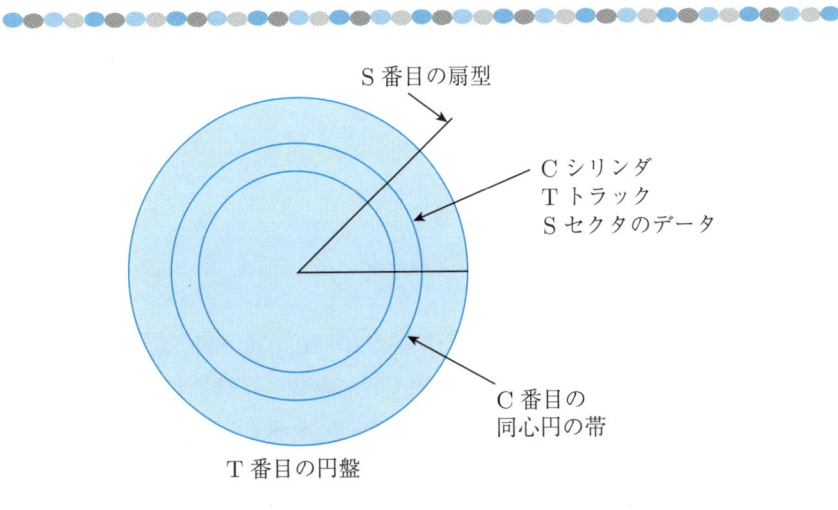

S 番目の扇型

C シリンダ
T トラック
S セクタのデータ

C 番目の
同心円の帯

T 番目の円盤

図 5.6　ディスク上のデータ配置

呼ばれるエラー訂正コードのフィールドを含む以下のような構造をしている．

セクタ開始情報	データ領域	ECC コード

　セクタ開始情報は，ハードウェアがセクタの開始位置を検出するための情報である．ECC は，データ領域のビットパターンを一定の関数 f で圧縮したものである．ディスクコントローラは，データ D を書き込む際に，D だけではなく，D から得られる値 $f(D)$ の値を ECC コード領域に一緒に書き込む処理を行う．データを読み込む際に，コントローラは，読み込んだデータ D と ECC コード E の間に $E = f(D)$ の関係が成り立つか否かをチェックすることによって，データエラーを起こしているか否かをチェックすることができる．さらに，ECC コードを十分に大きくとり関数 f を適当に設計すれば，エラーの程度が小さければ，すなわち読み込んだデータ D ともともとのデータ D' とのビットの違いが少ない場合は，E とエラーを起こした D から，正しいデータ D' を復元できる．

　ディスクコントローラは，以上のような機能を実現する特殊なディジタルコンピュータであり，フォンノイマン機械と同様，その機能は命令として提供される．CPU から命令を受け取り結果を通知するために，以下のようなレジスタを持つ．
- 書出しや読込みなどの動作の指示を受け取る命令レジスタ
- ディスク状態を表すレジスタ
- 転送残りバイト数を保持するカウンタ
- 転送先のメモリアドレスを保持するレジスタ
- ディスク上の論理セクタ番号

　OS は，ディスクコントローラのレジスタに転送メモリアドレスと転送バイト数を書き込み，命令レジスタに読込みや書込みなどの命令を書き込むことによって，ディスクの動作を制御する．デスクコントローラは，動作指示を受け取ると以下のような処理を行い，データ転送を実行する．
(1) 論理セクタ番号からディスク上の位置を決定．
(2) ディスクハードウェアからディスクコントラー内のバッファへデータを

転送．
(3) ECC コードをチェックしエラーがあれば訂正を試みる．
(4) コントローラバッファからメモリへデータを転送．
(5) データ転送を完了したら，状態レジスタに情報をセットし，CPU に割り込み要求を出す．

図 5.7 にディスクコントローラを含んだディスク装置の構造を示す．

5.5.3 より高度なディスクの実現

ディスクコントローラは，それ自身ディジタルコンピュータである．したがって，第 1 章で学んだ原理に従って，望ましい高度な機能を模倣するプログラムを書くことによって，原理的には，どのような高度な機能でも実現できる．前項でみた標準的なディスクコントローラも，エラー訂正コードによってエラーの検出や訂正を行い，エラーが発生しにくいディスク装置を実現している．これ以外にも，種々の機能を持ったディスク装置を実現できる．ミラーリングディスクや RAID ディスクなどがその典型である．

ミラーリングディスクは，信頼性の向上のために，データが自動的に二重化

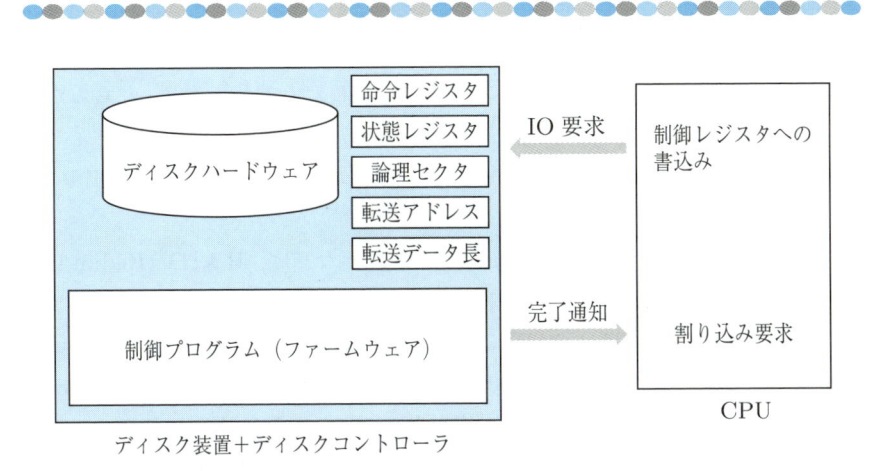

図 5.7 ディスクコントローラを含むディスク装置

される仮想的なディスク装置である．このディスクは，同一の構造と容量を持つ二つのディスク装置を用意し，それら二つのディスク装置を制御するディスクコントローラを作れば実現できる．このディスクコントローラが実現するミラーリングディスクの各コマンド（命令）は，二つのディスク装置に起動要求を出し結果を解析するプログラムとして実現できる．その処理内容は，実現したい信頼性や速度などに応じて自由に設計することができる．例えば，以下のような処理が考えられる．

- データの書込みコマンド

  二つのディスク双方に書込み要求を出し，両方の書込みが成功したら成功を報告する．どちらか一方の書込みが失敗したら，エラーを起こしたディスク装置に故障の印をつけ，データが二重化されていない警告を報告する．
- データの読出し命令

  両方のディスク装置が正常に機能している場合は，あらかじめ決められた一つの装置からデータを読み出す．一方が故障している場合は，故障していない方のディスクからデータを読み出す．
- データのミラーリング命令

  故障したディスクを交換したとき，正常なディスクの内容を新しく取り替えたディスクにコピーし，データの二重化を再開する．

このようにして実現されたディスクは，通常のディスクと違い，どちらかのディスクへの書込みエラーや読込みエラーが起こっても，もう一方のディスクを使って運用を続け，その間に故障したディスクを交換し，故障から回復することが可能である．

今日サーバなどの信頼性が要求されるシステムでは，**RAID** (Redundant Array of Inexpensive Disks) と呼ばれるより高度な仮想的な高信頼ディスク装置が広く使われている．RAID は，その名の通り，複数台のディスク装置を配列として用いて，高速かつ高信頼性を実現する仮想的なディスク装置である．ミラーリングの考え方を一般化し，複数台のディスク配列を一つのディスクとして動作させるプログラムによって実現されている．RAID ディスクは，データを k ビットの列ととらえ，それぞれのビット位置を別々のディスク装置に記録する．これによって，k 倍の高速化が実現できる．さらに信頼性の向上のた

めに，もう一台の余分 (redundant) なディスク装置を用意し，k ビットのパリティ（すなわち k ビットデータの 1 の数が偶数か奇数か）を記録する．このように記録しておけば，1 台のディスク装置が故障しても，そのデータは他のディスクのデータから以下のようにして復元できる．

- もし壊れたディスクがデータではなくパリティを記録しているディスクなら，他のディスクの k ビットのパリティが壊れたディスクのデータである．
- もし壊れたディスクがデータディスクなら，パリティディスクを除く他のデータディスクのビットパリティとパリティディスクのビットを比較し，もし同じなら壊れたディスクのデータは 0，異なるなら 1 である．

以上の考え方を基礎とし，k ビットを一度に読み書きしかつ故障したディスクのデータの回復が可能な仮想的なディスク装置のコマンドを，$k+1$ 台のディスク装置に起動要求を出し結果を解析するプログラムとして実現できる．RAIDディスクは，それらプログラムをディスクコントローラとして実現したものである．

問題

確認問題

1. OS の入出力管理の目的を記述せよ．
2. OS の入出力管理の階層構造を記述し，それぞれの階層の役割を説明せよ．
3. デバイスコントローラの役割を記述せよ．
4. デバイスコントローラと CPU のインタフェースを記述せよ．
5. デバイスを制御する方式を二つ挙げ，それぞれの概要を説明せよ．
6. デバイスドライバの役割を記述せよ．
7. メモリマップ IO とは何か．
8. ディスク装置の物理的な構造を記述せよ．
9. RAID ディスクの概要とその利点を説明せよ．

演習問題

1. ユーザによる入出力要求が実行されるまでの OS の処理の流れを記述せよ．
2. ユーザがディスクへの書出し要求を出したとする．この要求の実現には，以下の処理を実行する必要がある．

(a) ユーザのデータを書出しブロック単位にバッファリングする．
(b) 書出しブロックをシステム空間のバッファにコピーする．
(c) ディスクレジスタにブロック番号，データカウント，システムバッファのアドレスを書き込む．
(d) 論理ブロック番号からディスクのシリンダ，トラック，セクタ位置を計算する．
(e) ディスクに実際にビット列を書き込む．

これらの処理を行う入出力処理のコンポーネントをそれぞれ指摘せよ．

3 一分間に7680回転し，一つのヘッド（一つ円盤に対応）を持つディスクを考える．各ヘッドは46960シリンダ，各シリンダは2048セクタ，各セクタは512バイトとする．
- このディスクの容量を計算し，Gバイト単位で答えよ．ただし，1Gバイトは2^{30}バイトとする．
- このディスクの最大転送速度は，1シリンダの容量を一回転する間に転送したときの速度である．最大転送速度は1秒間あたり何Mバイトか．ただし，1Mバイトは2^{20}バイトとする．

4 本章で学んだミラーリングディスクはRAIDディスクにおいて$k=1$の場合に相当する．この事実を確かめよ．

5 ミラーリングディスクやRAIDを組み合わせるとより高速で信頼性が高くかつ故障の復旧も簡単なディスクが設計できる．種々の組合せを考え，それぞれの利点と欠点を論ぜよ．

第6章

ファイルシステム

　前章で学んだデバイスの仮想化と共通入出力処理によって，計算機システムは，read や write といった標準の簡単な操作によって，デバイスと情報をやり取りすることができる．この情報の一部を使い構造を持たせることによって，強力な仮想的な装置を実現できる．本章では，これらの典型例として，ディスク装置上に構築されるファイルシステムの構造と機能を学ぶ．ファイルシステムは，ビット列を読み書きするディスク装置上に，その記録領域のビット列の一部を使って，階層化された名前で管理されたデータの格納庫を実現するシステムである．

6.1 ファイルシステムの目的

　ディジタルコンピュータによる情報処理の原理は，情報をビット列で表現しその情報を変換し目的とする情報を得ることである．第1章で学んだ通り，あらゆる情報はビット列で表現可能である．5.5節で学んだディスク装置の仮想化技術を使えば，必要なだけ多くのディスクを用意しそれに論理アドレスを割り当てることによって，原理的にはいくらでも大きな情報格納庫が実現できる．しかし，膨大な情報を処理するためには，ビット列で表現した情報の記憶場所をディスクの番地として覚えておくのは現実的ではない．膨大な情報を効率よく利用するためには，それら情報を分類し整理する機構が必要である．

　計算機システムで開発されてきた概念や機構の多くは，我々が言葉を使って知的活動を行う際に用いてきた手法や道具をモデルにしている．本章で学ぶ情報の整理の機構も，人間が行ってきた情報の整理をモデルに開発されたものである．我々人間の日常生活では，関連する情報は一つの文書として名前を付け，関連する文書をファイルにまとめ，それらファイルを用途や所有者によって分類し，キャビネットや書架などに保存している．さらに必要なら，それら情報のカタログが管理される．膨大で多岐にわたる文書を保管する図書館などの複雑なシステムでは，このカタログは階層化され，木構造に分類される．

　このような我々が文書管理のために開発してきた木構造の管理システムは，きわめて効率のよいシステムである．例えば，いかに多くの蔵書を所有する図書館でも，この木構造をたどることによって，目的とする図書を短時間で見つけることが可能である．現在では，図書館は計算機システムによる検索システムが導入されておるが，紙できたインデックスカードを用いた時代でも，インデックスを階層化することによって，300万冊ほどの蔵書の中から数分で目的とする一冊の本にたどりつくことができた．本章で学ぶファイルシステムは，この我々が日常使っている文書を配置しその位置を示す索引システムをモデルにして実現されたものと見なすことができる．

　情報のコード化と情報処理の原理を思いだしてみよう．名前や所有者や作成年月日などの情報や，それら情報を木構造に分類したインデックスカードの情報なども，適当なデータ構造を設計することによって，計算機システム内で表

現することができる．ファイルシステムは，論理ブロック番号を指定し任意のビット列を格納するだけの機能を持つディスク装置上に，ビット列の一部を使って，インデックスカードやそれらを木構造に並べたカタログなどの構造を表現し，階層化された索引を持つ仮想的な記憶装置を実現するプログラムである．具体的には，論理ブロック番号で管理された一次元のブロック配列の一部に，

- 使用可能領域の管理情報
- ファイルの名前と使用領域の情報
- 所有者情報

などの制御データを維持することにより，

- ファイルを格納するフォルダまたはディレクトリと呼ばれる領域の作成
- 名前を付けたファイルの作成と削除
- 名前を指定したファイルの読出しや書込み
- ファイルの所有権やアクセス権の設定

などの機能を持つ強力で使いやすい情報格納装置を実現している．以下の各節で，これらを実現するためのデータ構造および操作の概要を学ぶ．

6.2 ディスク領域の管理

　本章では，後にでてくるファイルシステムが管理するブロックと区別するために，ディスクの論理ブロック番号をセクタ番号，論理ブロックをセクタと呼ぶことにする．

　ディスクは 0 から始まるセクタ番号が振られたセクタの一次元配列である．ファイルシステム構築の第一歩は，この領域のどこにこのディスクに関するどのような情報が書かれているかを決めることである．この情報は，例えば図書館のどこに索引が保管されているか，書庫は何階のどの部屋か，などの情報に相当する．図書館の場合，これらの情報が書かれた案内板が，建物の入り口付近に設置されているはずである．それと同様に，標準的なディスクは，ディスクの先頭に，ディスク全体の使い方を示す情報が格納されている．その詳細は，システムごとに異なるが，例えば最近の標準では，以下の情報がディスクの先頭の 0 セクタ目から順に記述されている．

(1) MBR (Master Boot Record)

　ディスクの先頭に用意されたプログラムコードを格納する領域である．ディスクは，ユーザプログラムが必要とする情報の他に，OS のプログラムそのものも格納される装置でもある．パーソナルコンピュータなどでは，この領域に，CPU が最初に実行するプログラムが格納されている．通常このプログラムは，下記のパーティションテーブルから，OS が格納されているパーティションを見つけ出し，そのパーティションのブートセクタに格納されているプログラムを読み出し実行するプログラムである．

(2) パーティションテーブルヘッダ

　MBR に続く固定位置にあり，ディスク全体の使用可能な領域の数と範囲，さらに，下記のパーティションテーブルの大きさの情報を持つ．

(3) パーティションテーブ

　MBR，パーティションテーブルヘッダに続く固定位置に置かれたパーティション情報の配列である．ディスクのデータ領域は，**パーティション**とよばれる単位に分割され，それぞれのパーティションは種々の用途に使用される．パーティションテーブは，ディスクを構成するパーティションを記述した固定長の要素の配列である．配列の各要素は，それぞれのパーティションの種類，パーティション固有の名前（識別子），最初のセクタ番号，および最後のセクタ番号が記述されている．

　先頭に書かれたこれら情報を読めば，ディスクがどのように分割され，それぞれがどのように使われているかを知ることができる．

　データやプログラムなどの情報，さらにそれらの格納場所に関するカタログ情報などは，すべてパーティションに格納される．ファイルシステム構築の主要なステップは，種々の情報を格納するためのパーティションの構造の設計である．このためには，パーティションの空き領域の管理方式，個々のファイルの位置と使用しているブロックの表現方法，さらに，文書のカタログや索引に相当する情報の管理方式を決定し，それら情報の表現方法を設計する必要がある．文書の整理の仕方がそれぞれの図書館で異なるように，これら情報の管理方式が異なる複数のファイルシステムが提案され実装されている．以下では，UNIX 系の OS で使われるファイルシステムの構造をモデルに，これら管理情報の表

6.2 ディスク領域の管理

現方法を説明する．

各パーティションは以下の領域からなる．

(1) ブートセクタ

パーティションの先頭に位置する，システムを起動するためのプログラムを格納するための固定領域である．アクティブとマークされたパーティションのブートセクタには，OSをロードしシステムを起動するプログラムが格納されている．このプログラムは，MBRに格納されたプログラムから呼び出され，必要なプログラムをそのパーティションのデータ領域から次々に呼び出し，OSを立ち上げる．このプロセスは，歴史的に「ブートストラップ」(bootstrap) と呼ばれ，その最初のプログラムが格納されている領域はブートセクタ（ブートブロック）と呼ばれる．

(2) スーパブロック

ブートブロックの次に位置し，ファイルシステムの種類，ブロックサイズ，ブロック数などの情報が格納されている．

(3) 未使用ブロック情報

未使用領域の管理情報である．

(4) ファイル領域管理情報

ファイルシステム内に存在するすべてのファイルの場所に関する情報を持つ領域である．

(5) ルートディレクトの位置情報

ディレクトリは，ファイルのカタログに相当する特別のファイルである．ルートディレクトリは，このパーティションのトップレベルのディレクトリである．

(6) ファイルとディレクトリ領域

データやプログラムを格納するファイルとそれらのカタログ情報を格納するディレクトリの領域である．

これら領域の先頭位置は固定されている．さらに，ブートセクタとスーパブロックはファイルシステムに依らず共通な情報である．したがって，ディスクの場合と同様，パーティションの先頭からこれら情報を読んでいけば，パーティ

ションの使われ方を理解することができる．図 6.1 にディスク全体およびパーティションの構造を示す．

6.3 未使用領域の管理

　ファイルはプログラムによって動的に作成され，不要になったら削除される．作成されるファイルの大きさとその生存期間はユーザプログラムの目的に依存し，あらかじめ決定できない．このため，ファイルシステムは，ファイルの生成要求があった時点で，必要なだけの領域を割り当てる必要がある．この方式でシステムが動き続けるためには，ファイルが削除されたとき，そのファイルで使用していた領域を回収し，別なファイルのために再利用する必要がある．

　この状況に対処するために，ファイルシステムは，メモリ管理がページ単位で物理ページを管理し動的に論理ページに割り当てたと同じ考え方に従い，ディスク領域を固定長のブロックに分割し，必要な数のブロックをファイルに割り当てる戦略をとる．ブロックは，OS が提供する入出力の単位ともなるため，ディスクの物理的なセクタサイズ（論理ブロックのサイズ）の整数倍に設定されている．ファイルの領域はブロック単位で割り当てられるので，ブロックサイズが大きければ，管理情報が少なくて済む代りに，ディスクの利用効率が低下する恐れがある．また，仮想記憶システムが行うページングもファイルシステムの機能を利用するため，仮想ページの大きさもディスクブロックと同一か整数倍に設定される．ファイルシステム内の未使用ブロックの管理方式には，フリーリスト方式とビットマップ方式がある．

　フリーリスト方式は，未使用ブロックをすべて一つのリストとして管理する方式である．この方式では，未使用ブロックのいくつかを使い，図 6.2 に示すように，未使用ブロックのブロック番号を記述した管理ブロックのリストを維持する．ここで ϕ は，最後の管理ブロックであることを示すフラグである．例えば，1 語長が 4 バイトのシステムで，ブロック番号が 1 語で表現され，1 ブロックが 1K バイトであれば，一つの管理ブロックで 254 ブロックまでの空きブロックを記述できる．この方式では，フリーリストからの確保と解放は，以下のように行えばよい．

6.3 未使用領域の管理

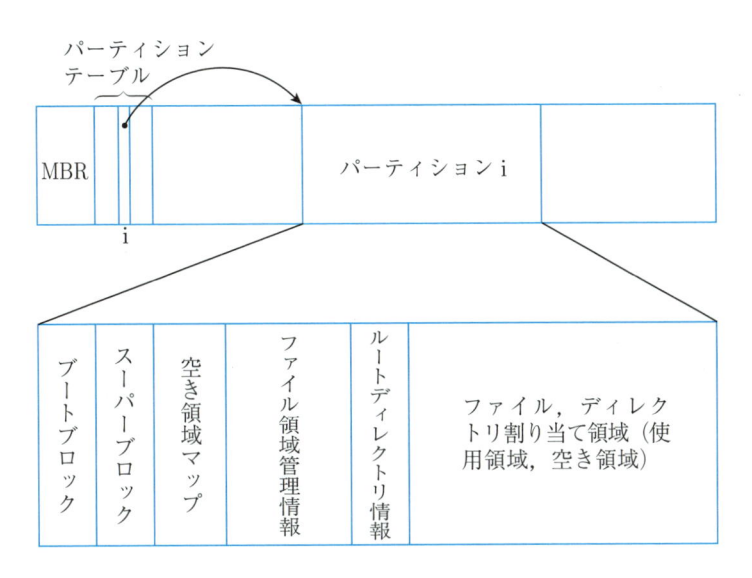

図 6.1 ディスクのレイアウト

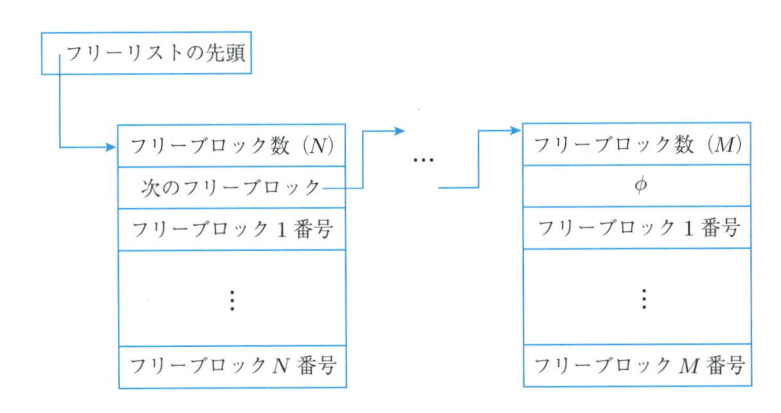

図 6.2 フリーリストによる未使用ブロックの管理

- ブロックの確保
    (1) 先頭の管理ブロックを読む．
    (2) そのブロックで管理されているフリーブロック数 N を読み，$N+1$ 語目のエントリに書かれたブロック番号を返す．ただし，ブロックの先頭を 0 語目とする．
    (3) フリーブロック数 N を 1 減じる．その結果もし N が 0 になれば，この管理ブロックそのものを解放し，フリーリストの先頭を次のフリーリストに設定する．
- ブロックの解放
    (1) 先頭のフリーリストブロックを読む．
    (2) ブロックで管理されている未使用ブロック数 N が最大でかつ次の管理ブロックがあれば，次のフリーに挿入する．次の管理ブロックがなければ，解放されるブロックを管理ブロックとする．
    (3) ブロックで管理されている未使用ブロック数 N が最大未満であれば，$N+2$ の位置に解放するブロック番号を記述し，N を 1 増やす．

未使用領域を管理するためによく使用されるもう一つのデータ構造にビットマップがある．データ領域はブロック番号をインデックスとする配列であることを思いだそう．このブロックが使用中か未使用かは，1 ビットの情報で表現できる．ビットが 0 であれば使用中，1 であれば未使用と約束する．すると，領域全体の使用情報は，領域内のブロック数の大きさを持つビット配列で表現することができる．この方式では，領域サイズが M バイト，ブロックサイズが N バイトであれば，$\frac{M}{8N}$ バイトの領域を必要とする．例えばブロックサイズが 1K バイトの 80G バイトの領域は，10M バイトのビットマップで管理できる．この方式でのブロックの確保は，ビットマップの先頭からビットが 1 であるビットを探し，そのビットを 0 にすることによって実現できる．確保されたブロック番号は，ビット位置の番号である．また，ブロックの解放は，解放するブロック番号に対応するビットを 0 にセットするだけでよい．

6.4 ファイル領域の管理

ファイルは，可変長のデータに名前を付けたものである．データは，データ領域にブロック単位で確保される．したがって，ファイルの実体は，データを格納するブロックの集合である．UNIX 系の OS では，このファイルのブロック集合を，I ノード（I-node，インデックスノード，index node）と呼ばれるデータ構造で表現する．各 I ノードは，ファイル大きさ（ブロック数）とブロック番号のリスト以外に，ファイルの所有者，ファイルのアクセス権限などのファイルの属性情報を持つ．パーティションの中のファイル領域管理情報の実体は I ノード配列である．ファイルの実体は I ノード番号，すなわちこの配列へのインデックスで表現される．図 6.3 に I ノード配列の概要を示す．

一つの I ノードエントリの大きさを大きく取れば，より大きなファイルを表現できるが，データが一つか二つのブロックに収まってしまうような小さなファイルが多数存在する場合，I ノード領域が無駄になってしまう．この問題を解決するための種々の方式が開発されている．ここでは間接ブロックによる方法を

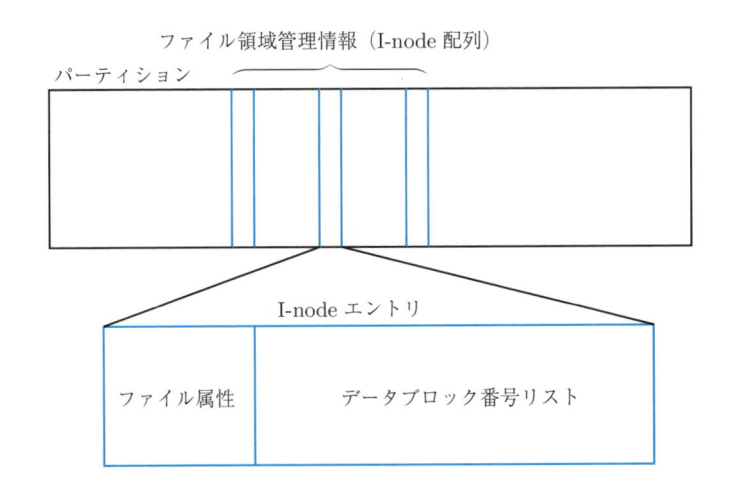

図 6.3 ファイルのデータ領域の表現

紹介する．この方式では，Iノードの大きさを比較的小さく固定し，その代り，多数のブロックを含む大きなファイルを表現するために，3段階の間接ブロックリストが導入されている．IノードIの中のブロック配列をblock，そのの大きさをnとすると，この方式ではブロック配列は以下のようなデータを含む．

$$\mathtt{I.block}[i]\,(0 \leq i \leq n-4): データブロック$$
$$\mathtt{I.block}[n-3]: 第1間接ブロック$$
$$\mathtt{I.block}[n-2]: 第2間接ブロック$$
$$\mathtt{I.block}[n-1]: 第3間接ブロック$$

第1間接ブロックは，データブロックの番号の配列をデータとするブロックである．第2間接ブロックは，第1間接ブロックの番号の配列をデータとするブロックである．第3間接ブロックは，第2間接ブロックの番号の配列をデータとするブロックである．例えば，1ブロック1Kバイト，ブロック番号が4バイト，Iノードエントリが128バイトとし，Iノードの中で64バイトを属性情報などに使用するとする．この場合，Iノードから直接ポイントされるブロック数が13個，第1間接ブロックからポイントされるブロック数が256個，さらに，第2間接ブロック，第3間接ブロックからポイントされる第1間接ブロック，第2間接ブロックがそれぞれ256個である．したがって，

$$13 + 256 + 256 \times 256 + 256 \times 256 \times 256 = 16843021$$

の約16M個のブロックをポイントすることができ，約16Gバイトの大きさまでのファイルを管理できる．この構造の概要を図6.4に示す．

6.5 ディレクトリの構造

Iノードエントリによって可変長のファイルに含まれるデータの実体が表現可能となる．ファイルシステムを実現するためには，これらファイル実体に名前を付け，システムの中の格納スペースに入れるための機構を定義しなければならない．

名前を付けるシステムを設計するための基本は，名前の有効範囲を明確にすることである．名前の有効範囲の管理がなされていないと，例えば，本教科書の第6章の文章をファイルに`chap6.tex`と名前を付けて管理しようと考えて

6.5 ディレクトリの構造

も，他のプロジェクトや他のユーザがシステム内でこの同一の名前のファイルをすでに使っているかもしれず，行き詰まってしまう．この問題を解決するためには，名前を，その名前が現れる文脈に対して相対的なものとする機構を導入する必要がある．

一般に文脈は階層的な構造をなす．例えば，「計算機システム概論」を執筆する場合を考えると，それは，「教科書」の一つであり，さらにそれはこれから購入予定の「教科書」などと区別するために，「文書の作成」の一つと分類されているかもしれない．また，「計算機システム概論」の執筆それ自身も，「種々の図の作成」，「練習問題の作成」などの文脈を含むかもしれない．そこで，先ほどの chap6.tex ファイルを，

「文書の作成」→「教科書」→「計算機システム概論」

に対応する文脈の中の置けば，そのファイルの目的も明確となり，また他の名前との競合が起こる心配もない．計算機システムでは，このような階層的な名前空

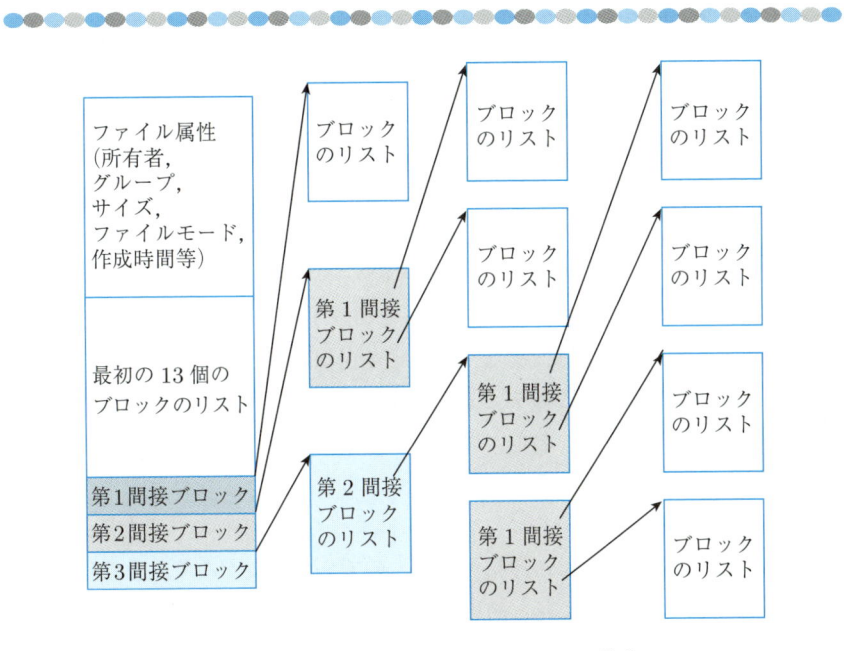

図 6.4 間接ブロックを含む I ノードの構造

間を，住民の住所と氏名を記述した案内板の意味を持つ**ディレクトリ** (directory) という用語を用いて，ディレクトリ階層と呼ぶ．

　ディレクトリは，ファイルまたはディレクトリの名前と実体の対応を記述した管理ファイルである．ディレクトリ集合は，システム全体を表す**ルートディレクトリ**（root, 木の根）を頂点とする木構造をなす．木構造をルートからディレクトリ名をたどって得られるパスが，それぞれの文脈に対応する．このパスを以下のような記法によって表現する．

$$/ディレクトリ名 1/ディレクトリ名 2/\cdots/ディレクトリ名 n/$$

例えば，chap6.tex ファイルの執筆の例で，各文脈に

「文書の作成」：papers

「教科書」：textbooks

「計算機システム概論」：SystemSoftware

のような名前のディレクトリを用いていれば，このファイルが存在するディレクトリパスは

$$/papers/textbooks/SystemSoftware/$$

となる．

　各ディレクトリの内容は，そのディレクトリに含まれるファイルまたはディレクトリの名前とそれらの実体の対応関係をコード化したデータである．ファイルまたはディレクトリの実体はそのＩノード番号で表現できる．したがって，ディレクトリの内容は，ファイルの名前とＩノード番号との対応表としてコード化できる．ファイルが作成されるときに，そのファイル名とＩノード番号の対応を示すエントリが追加され，また，ファイルが削除されるときに，対応するエントリが取り除かれる．このディレクトリ操作とファイル実体のＩノードの作成とが同期していないと，名前だけがあって実体がないファイルや，実体はあるが，名前が登録されていないため，見つからないファイルなどが生じてしまう．ファイルの作成や削除は，プログラムによって動的の行われるため，ディレクトリに書かれる対応表は，伸縮可能なものである必要がある．その実現方法の一つは，ファイル領域上に，対応表をリストとして管理することである．**図 6.6** にその例を示す．

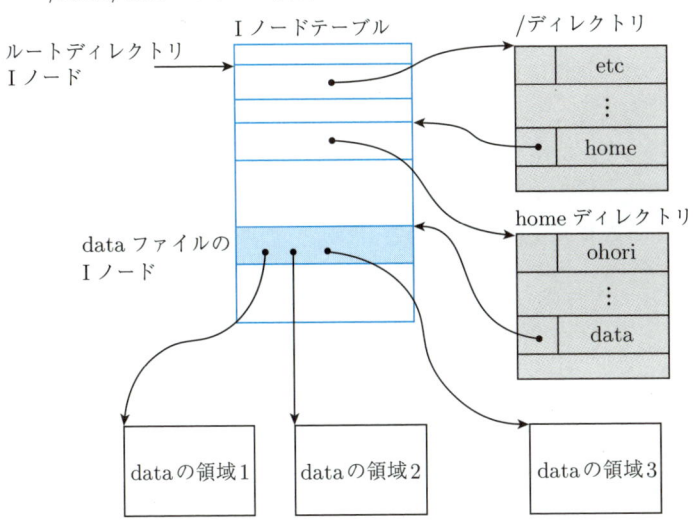

6.5 ディレクトリの構造

/home/data ファイルの領域

ルートディレクトリ
I ノード

I ノードテーブル

/ディレクトリ
- etc
- ⋮
- home

home ディレクトリ
- ohori
- ⋮
- data

data ファイルの
I ノード

data の領域 1　　data の領域 2　　data の領域 3

図 6.5　ディレクトリの構造

ディレクトリエントリ 1　　　　N1　ディレクトリエントリ 2

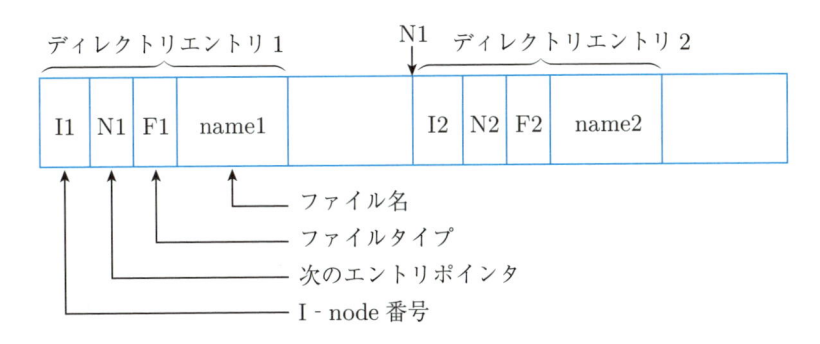

| I1 | N1 | F1 | name1 | | I2 | N2 | F2 | name2 | |

- ファイル名
- ファイルタイプ
- 次のエントリポインタ
- I - node 番号

図 6.6　ディレクトリエントリの構造

6.6 ファイルとディレクトリの操作

ファイルの空き領域の管理データなどは，各ユーザの共有データであり，その管理データの操作は典型的な危険領域である．各ユーザが排他制御なしに独自に操作すると整合性が破壊される．OSのファイルシステムは，これらデータ構造に対して，3.13節で学んだモニタとして動作し，ファイルやディレクトリの操作機能を提供する．例えばUNIXファイルシステムは，ファイルに対して以下のような操作を提供している．

(1) ファイルの作成 (create)

パス名を受け取り，パス名で指定されたファイルを作成する．処理が成功すれば，それに続くファイル操作のためのデータ構造であるファイル記述子を返す．ファイル記述子は，Iノード番号などのファイル操作のための情報を記述したメモリ上のデータ構造である．

(2) ファイルのオープン (open)

パス名を受け取り，パス名で指定されたファイルをアクセスする準備をする．処理が成功すれば，それに続くファイル操作のためのファイル記述子を返す．

(3) ファイルの削除 (delete)

パス名で指定されたファイルを削除し，ファイルのデータ領域を解放する．

(4) データの読込み (read)

ファイル記述子で指定されたファイルから，次のデータを読み込む．ファイル記述子は，ファイルのデータ領域以外に，それまでに読み込んだファイル位置をその状態として記憶している．

(5) ファイルへのデータの書出し (write)

ファイル記述子で指定されたファイルから，次のデータ位置にデータを書き込む．

(6) ファイル操作の終了 (close)

ファイル操作のためにメモリ上に用意したファイル記述子を解放し，ファイルの処理を終了する．

(7) ファイル属性の取り出し
ファイルのサイズや作成年月日，所有者などの情報を取り出す．

UNIX のファイルシステムでは，ディレクトリ対しては以下のような操作を提供している．

(1) ディレクトリの作成 (create)
パス名を受け取り，パス名で指定された空のディレクトリ作成する．処理が成功すれば，それに続くディレクトリ操作のためのファイル記述子を返す．
(2) ディレクトリの削除 (delete)
パス名で指定されたディレクトリを削除し，データ領域を解放する．
(3) ディレクトリのオープン (openDir)
パス名で指定されたディレクトリをオープンし，ディレクトリエントリの読出しなどの準備をし，それに続く操作のためのファイル記述子を返す．
(4) データの読込み (readDir)
ファイル記述子で指定されたディレクトリの中の次のエントリを読み込む．
(5) ファイル操作の終了 (closeDir)
ディレクトリ操作のためにメモリ上に用意したファイル記述子を解放し，ディレクトリの処理を終了する．

これら操作によって，ディスク装置上に，階層的な名前空間を持った仮想的な記憶装置が実現される．ユーザは，ディレクトリの構造や I ノードの構造，さらにファイルの実際の大きさなどを考えることなく，ファイルの作成，名前でのファイルのオープン，ファイルへのデータの書出しやファイルからのデータの読込みを行うことができる．

6.7 ファイルの属性とアクセス制御

ファイルは，システムの共有のディスク上に作成され各ユーザ固有のデータである．そのため，ファイルシステムは，データの保護のための**アクセス制御**機構を提供している．データの保護の基本は，アクセスポリシーを定義し，要求されたアクセスがアクセスポリシーを満たすか否かチェックすることである．ア

クセスポリシーは，一般には，各資源と各ユーザに対して，可能な処理を記述したアクセスマトリクスによって定義される．ファイルシステムの場合，処理は，データファイルの場合は読込み (Read) と書込み (Write) であり，ディレクトリやプログラムの場合は，それらに加えてプログラムの実行またはディレクトリをたどる操作 (eXec) が加わる．また，ユーザは，所有者 (user)，所有者が属するグループ (group)，一般のユーザ (wrold) に分類されることが多い．そこで，ファイルシステムでは，各ファイルに対して，以下の情報を管理する．

	user	group	world
read	y/n	y/n	y/n
write	y/n	y/n	y/n
exec	y/n	y/n	y/n

これらアクセス権限に関する情報は，Ｉノードエントリのファイル属性情報のフィールドに，ファイルの所有者，所有者の属すグループとともに記述される．ファイルシステムは，ファイルのオープン時に，ファイルのアクセスを要求したユーザとそのグループと，ファイルのアクセス情報をチェックし，アクセス権限があるときのみ，ファイルのアクセスを許す．

　ファイルシステムの操作に際し，これらアクセス権限をコード化し管理することによって，ディスク装置は，階層的にスコープと権限が管理された情報の格納装置となる．

問　題

確認問題

1. ファイルシステムの目的は何か．
2. ディスク領域の構造を記述せよ．
3. ディスクの空き領域の管理方法を二つ説明せよ．
4. Ｉノードを用いたファイルの領域方式の概要を記述せよ．
5. ディレクトリの役割と構造を説明せよ．
6. ファイルシステムが提供するファイル操作機能の主なものを挙げその概要を説明せよ．
7. 同様に，ディレクトリ操作機能の主なものを挙げその概要を説明せよ．
8. ファイルのアクセス制御の概要を記述せよ．

演習問題

1. より大きなファイルを管理するために，第4間接ブロックを導入した場合の最大のファイルサイズを計算せよ．ただし，以前同様，ディスクのブロックサイズを1K (1024) バイト，Ｉノードのサイズは1K バイトとし，そのうち64バイトを属性情報の記述に使用するものとする．
2. 1ブロックが1K バイトであるファイルシステムにおいて，サイズが3333バイトであるファイル/syllabus/systemsoft/kadai.txt の領域を記述するためのＩノードとディレクトリファイルの構造を記述せよ．
3. ビットマップを用いたファイル空き領域管理システムを以下の要領で設計せよ．
   (a) 1ブロックが1K バイトのディスク上の80G バイトの空き領域を管理するために必要なビットマップサイズをブロック単位で求めよ．
   (b) ブロック数 n を受け取り，n ブロックの領域を確保する手続きを記述せよ．
   (c) Ｉノードからポイントされるブロックリスト，第1間接ブロックのリスト，第2間接ブロックのリストも同一の領域に確保されるものとする．ブロック数 n を受け取り，n ブロックの領域を持つファイルのＩノードを構築する手続きを記述せよ．

第7章

情報処理システムの実現

　これまでの章によって，読者は，ディジタルコンピュータの原理に基づき，高機能な計算機システムを設計し構築していく基礎となる考え方や概念を一通り理解したはずである．これら原理に従い，実用的な情報処理システムを実現するためには，コンピュータ本体に加え，それらシステムを実現する膨大な量のプログラムを記述する方法を確立し，情報処理に必要な種々の道具やシステムを構築していかなければならない．本章では，計算機システム概論のまとめとして，実際にプログラムを書くために必要な高水準プログラミング言語処理系の構造を概観した後，現在の情報処理システムに欠かせない道具であるネットワークシステムの構造と動作原理を概観する．

7.1 プログラミングシステム

　高度で使いやすい計算機システム構築の原理は，すでに存在するコンピュータ上に，目的とする計算機システムが持つ種々の構造をコード化，すなわちデータとして表現し，そのコード化された構造を操作し，目的とする計算機システムの機能を模倣するプログラムを書くことであった．計算機システムは，この模倣のステップを何段階も組み合わせて実現されている．人間が言葉で完全に定義できるあらゆる情報処理機能は，この原理によって実現することができる．そこに必要とされるものは，人間が問題を解決する場合と同様，複雑な問題解決に適した構造や機能を作り出すアイデアとそれを段階的に実現する抽象化の力のみである．これまでに学んだプロセスやスレッドの概念を基礎とした複数の問題を同時に並行して実行する仮想的なプロセッサや，仮想記憶の概念を基礎とした各ユーザごとの大容量のメモリ空間などはすべて，この原理を実践した典型的な成功例である．

　では，それら概念を基にした種々の構造のコード化と，それらコードを操作し新しい計算機システムの機能を模倣するプログラムの構築は，実際にどのように実現されるのであろうか．本書で学んできた計算機システムの基礎に加え，この原理と方法論を理解すれば，計算機システム構築の全体像が理解できるはずである．このテーマはプログラミング言語の研究の対象であり，その詳細な取り扱いは本書の目的と範囲を越えるが，その基本となる考え方は，本書のテーマであるコンピュータの原理とOSの構造とほぼ同じである．本書を学んできた読者は，プログラミング言語の役割と構造の概要を理解するための考え方と基礎知識を十分に獲得したはずである．そこで，本節では，コンピュータを模倣するプログラムの構築という観点から，プログラミング言語の原理と構造の概要を学ぶ．

7.1.1 仮想機械とプログラミング言語の対応

　現在のディジタルコンピュータのハードウェアは，$\{0,1\}$のシンボルを使っているため，データもプログラムも最終的にはすべての0と1の列にコード化される．しかしそれらコードは，もちろん単なる0と1の列ではなく，コード

化の規則が定める構造を持つ．例えば，1.2 節で学んだように，**表 1.4** の木構造を表現するビット列は，A や P_A などの記号を特定のビット列で表す規則，(A, P_B, P_C) のような三つのデータの組を表現する規則，さらに，

$$P_A \to (A, P_B, P_C)$$

のように組に名前を付ける規則などによって定められた構造を持つ．人間が言語の文法構造に従って言語を理解しているように，コードの解釈者は，その構造に従って情報を読み取っている．つまり，コード化された情報は，コードの解釈者が理解する言語で書かれた文章である．

木構造のようなデータは，それを定義し解釈するプログラムが定める言語で書かれている．では，データを扱うプログラム自身を記述する言語は，どのような規則に従う言語であろうか．プログラムは機械によって解釈されるコードである．したがって，プログラムは，そのプログラムを実行する機械が定める言語で書かれた文章ということになる．例えば，本書で学んだ最も単純なディジタルコンピュータであるチューリング機械のプログラムは，機械の状態とヘッドが読み取った記号のそれぞれの組合せに対して，機械の動作を表すデータが書かれた表である．この表の構造と意味は，チューリング機械の機能に対応している．チューリング機械をプログラムする言語を理解することと，チューリング機械の構造と動作を理解することは，本質的に同じことである．この言語と機械の同等性は，プログラムによって動作するディジタルコンピュータ一般に当てはまる性質である．ディジタルコンピュータの設計は，そのコンピュータが実行するプログラムを記述する言語，つまり，**プログラミング言語**を設計することと同じである．

すでに存在するコンピュータ M_1 上に，望ましい機能を持つ新しい仮想的なコンピュータ M_2 を実現することを，

$$M_1 \le M_2$$

と書き，既存のプログラミング言語 L_1 によって書かれたプログラムによって，新しいプログラミング言語 L_2 が実現されることを

$$L_1 \le L_2$$

と書くことにする．L_1 が M_1 で動くプログラミング言語，L_2 が M_2 で動くプ

ログラミング言語であれば，$M_1 \leq M_2$ なら $L_1 \leq L_2$ である．すると，第 1 章で学んだディジタルコンピュータによる情報処理の原理は，計算機システムの動作を記述するプログラミング言語に関する以下のような原理と読み替えることができる．

(1) プログラミング言語の表現能力はすべて同じである．
(2) 厳密に定義された計算可能ないかなる手続き（関数）も，プログラミング言語で記述可能である．
(3) プログラミング言語で適当なプログラムを組みさえすれば，他の任意のプログラミング言語を実現できる．

仮想的な機械の模倣の系列

$$M_1 \leq M_2 \leq \cdots \leq M_i \cdots$$

を段階的に構築することによって高度な計算機システムを実現することができると同様，種々の高度な機能を持つプログラミング言語を，

$$L_1 \leq L_2 \leq \cdots \leq L_i \cdots$$

のような言語の実装系列として実現することができる．

そのようにして構築される言語を使えば，種々の計算機システムの構造のコード化や，機能を実現するプログラムを，簡潔に効率よく記述することができる．例えば，1.5 節の図 1.11 に示された自然数の和を求めるフォンノイマンコンピュータの機械語のプログラムは，フォンノイマンコンピュータ上により高水準のプログラミング言語を実現するプログラムを書くことによって，

```
fun sum 0 = 0
  | sum n = n + (sum (n - 1))
```

のような簡潔で分かりやすいプログラムとして記述が可能になる．

7.1.2 高水準プログラミング言語の実現

すでに存在する言語 L_1 を用いて言語 L_2 を実現する最も直接的な方法は，L_2 を解釈する仮想的なコンピュータの実現そのものである．L_1 を実行する既存のコンピュータを M_1 とし，新しい言語 L_2 を直接実行可能な仮想的なコンピュータを M_2 とする．M_2 は，図 7.1 に示すように，M_1 のメモリ上に必要な構造をコード化し，それらコード化されたデータを操作するプログラムを M_1 のメモ

リ上に用意することによって実現される仮想的なコンピュータである．この構造を言語 L_1 と L_2 の関係でみると，M_1 上に実現された M_2 を模倣するプログラムは新しい言語 L_2 を解釈するプログラムであり，図 7.2 に示すように，L_1 言語で L_2 を実現する言語処理系となる．この性質から，新しい言語 L_2 を解釈実行するために既存の言語 L_1 で書かれたプログラムを，L_2 の**インタプリタ**と呼ぶ．

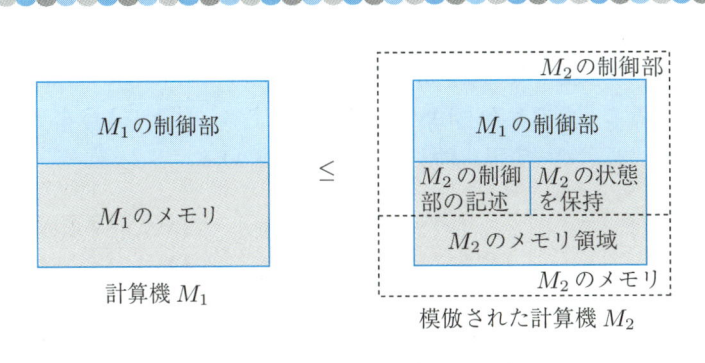

図 7.1 M_1 上に構成された仮想的なコンピュータ M_2

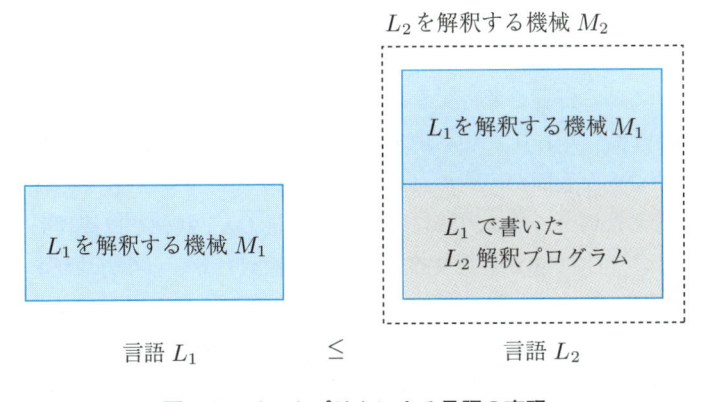

図 7.2 インタプリタによる言語の実現

コンピュータ上により使いやすい仮想的なコンピュータを実現する過程は，機械語 L_1 を使ってより使いやすい機械語 L_2 のインタプリタを実装する過程に他ならない．このことから，L_2 が機械語コードに近い言語の場合，そのインタプリタを実現するプログラムを**仮想機械**や**抽象機械**と呼ぶことが多い．例えば，機械語コードに加えて OS によって実現される種々のシステムサービスも使用可能なアセンブラ言語は，抽象機械で実行される言語と見なすことができる．抽象機械はまた，種々のコンピュータハードウェアで同一の命令コードを実行したい場合などにも広く用いられている．典型的な例に JAVA 言語を実現するための JAVA 抽象機械 (Java Virtual Machine) と呼ばれる抽象機械がある．この機械は，JAVA プログラムの実現に便利なメソッド呼び出しのためのスタックや例外機構を装備し，JAVA バイトコードと呼ばれる機械語に似た言語を実行することができる．JAVA バイトコードは，以下のような 2 段階の機械の模倣（言語系列の実現）によって実現されている．

ハードウェア		ハードウェア＋OS の機能		JAVA 抽象機械
機械語	$\leq$	アセンブリ言語	$\leq$	JAVA バイトコード

このように，インタプリタによるプログラミング言語の実現方法は，本書でこれまでに学んできた仮想的な機械の実現方法と同一である．しかしながら，プログラミングの言語の場合，新しい言語の実現方式には，その言語を解釈する機械を直接構築する以外に，すでに存在するプログラミング言語に翻訳する方式がある．この違いを理解するために，これまでも行ってきたように，我々人間が行っている処理を考えてみよう．我々は通常，母国語と呼ばれる一つの言語 L_1 を習得しており，その意味を効率よく理解し，情報処理活動を行っている．そのような人間が，別の言語 L_2 で書かれた文書の内容も処理の対象としたいと考えた場合，その方法には，その言語 L_2 を勉強し直接理解する能力を養う以外に，L_2 で書かれた文書を専門家に翻訳してもらう方法がある．翻訳された文書は，L_1 で書かれているため，L_1 を理解する人間なら誰でも読むことができる．翻訳は，一般に高度で時間がかかる作業であるが，一度行ってしまえば，どのような大部の書物であろうと，母国語で書かれたものと同一の簡便さで，何度でも利用することができる．プログラミング言語の場合，あるプ

ログラミング言語 L_2 を既存のプログラミング言語 L_1 に翻訳することを，コンパイルとよび，その翻訳を実行するプログラムを**コンパイラ**と呼ぶ．コンパイルは，プログラムの実行とは独立に，あらかじめ行われる作業であるため，L_1 に限らずどのような言語で行ってもよい．この構造を図 **7.3** に示す．

プログラミング言語は，この翻訳の過程を複数回組み合わせ，コード言語に変換され，そのコード言語を何段階かの階層で実現されている仮想的な計算機で解釈実行される．この構造によって，実際に与えられたコンピュータハードウェアの機能よりはるかに強力で高機能な言語が実現できる．近代的な計算機システムは，このようなプログラミング言語と仮想的な計算機システムで実現されている．

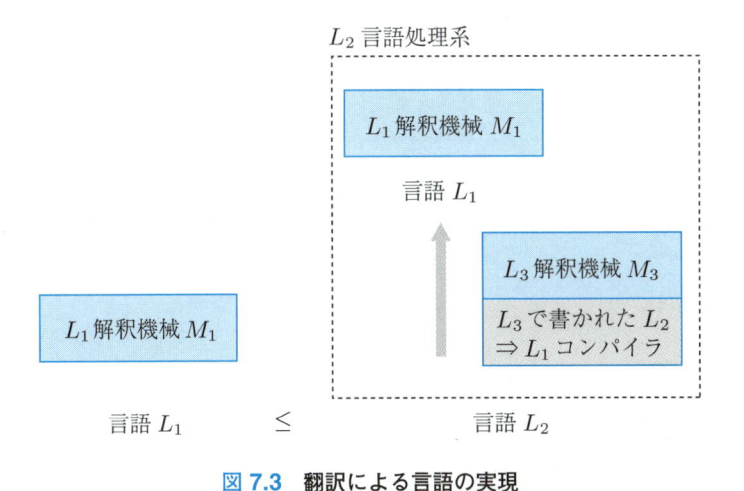

図 7.3 翻訳による言語の実現

7.2 ネットワークシステム

　以上のような原理で実現されている高水準のプログラミング言語を用いてプログラムを書くことによって，情報処理に必要な道具を開発していくことができる．本節では，情報処理を行う上で最も重要な道具であるネットワークシステムの構造と原理を概観する．

　人間が行う問題解決を振り返ってみれば理解される通り，問題解決の重要な要素に，他との協調や共同がある．現代社会は，種々の情報を共有し，協調して問題を解決するための多種多様なネットワークで構成されている．ネットワークの視点からみれば，個々の問題解決は，これらネットワークを通じて共有された情報を利用し，より価値のある情報をネットワークに提供することと理解できる．計算機システムが実用的な汎用の問題解決システムとして機能するためには，個々人が問題解決のために使用する計算機システムを結び，情報ネットワークを実現する仕掛けが必要である．ネットワークシステムとは，このための種々の機構の総称である．

　現代社会のネットワークは，小さなグループや会社内のネットワークから，それらネットワークを含む社会全体のネットワークにいたる重層的な構造をなしている．計算機システムをつなぐネットワークも，このような人間社会のネットワークと同様に，大規模かつ複雑で，その全体が完全に定義し尽くされているわけではない，オープンエンドなシステムである．ネットワークシステムは，重なりあった複雑なネットワークと個々の計算機システムとの情報の送受信，種々の形式の情報の解釈と変換，ネットワークを介した会話や共同作業などの支援，ネットワークへの加入や脱退の管理，通信の秘密の管理，などの機能を含む複雑で大規模な管理システムである．

　これら全体を対象とするネットワークシステムの研究は，それ自身情報科学の一分野を構成する大きなものであり，その全般にわたる解説は本書の範囲を越える．しかし，その基本となる考え方は，これまでに学んできた計算機システムの構築原理と共通する部分が多い．ネットワークシステムも，通信網という物理的な資源の管理者としての側面と，低レベルの物理的な通信網上により使いやすいサービスを提供する仮想ネットワークの提供者としての側面から理

解することができる．通常のネットワークシステムの教科書では，管理者としての側面を軸にネットワークの構造と機能，さらにその上に実現される種々のサービスの実現方法が解説されていると思われる．本書では，これら側面はネットワークシステムの教科書に譲り，高機能な仮想的なネットワークの提供者としての側面から，ネットワークシステムを概観する．

高機能な仮想的なネットワークの提供者の観点からみると，現在の高度に発達したネットワークシステムは，ビット列の電送機能を持つ物理的な通信網の上に，高度で使いやすい機能を実現するプログラムを書くことによって実現された仮想的な通信網と捉えることができる．この通信網は，エラーのない通信経路を任意の地点間に動的に設定でき，その経路を使って，データベースを共有したりプログラムを起動したりすることができるきわめて高度な機能を持つ．これまでに計算機システムの構築原理を学んできた読者は，同一の考え方によって，高度なネットワークシステムの機能と構造を理解できるはずである．

7.2.1　データ通信機能の実現

ネットワークシステムも，ディジタルコンピュータの道具の一つである．ディジタルコンピュータは，任意の情報を $\{0, 1\}$ のシンボル列でコード化し，そのコードを処理することによって問題解決を行う機械であったことを思いだそう．ネットワークシステム実現の基礎は，計算機システム間で，任意長のビット列を送受信する機能の実現である．1.2 節で学んだコード化の原理から，計算機システムが，任意の長さのビット列を物理的に送受信できれば，必要な情報をコード化することによって，任意の情報を共有することができるはずである．

ビット列の送受信を実現するためには，ビット列を送信する通信回線および，通信回線と CPU の間でビット列を読み書きするデバイスを作ればよい．距離の限られた特定の二つの計算機システムに限れば，通信回線は，ケーブルや無線などの物理的な伝送路を設置し電位や音，高周波などを伝えることによって実現できる．物理的な通信回線との間でビット列を読み書きするデバイスは，磁気ディスクコントローラが磁気の時間変化とビット列の変換を行うのと同様の原理で，回線の物理量の時間変化をビット列に変換するデバイスコントローラを作ればよい．例えば，音声信号を伝える回線からビット列を読み出す場合，周波数の時間変化をビット列と解釈し，コントローラ内部のバッファにビット

列を書き出せばよい．その他の構造は，他のデバイスコントローラと同様である．このデバイスコントローラによって，通信回線は，他の入出力装置と同様に，計算機システムのプログラムから使用することができる．物理的な伝送路を用いて実現される通信回線の構造を図 7.4 に示す．

　計算機システム間でビット列を送受信するには，このような物理的な回線が必要である．しかし情報を伝達する必要がある個々の計算機システム間すべてに対して物理的な回線を設置するのは現実的ではない．ネットワーク実現の基本は，必要なときに動的に回線を利用者に割り当てるシステムを構築することである．回線の動的な割り当ては，古くから電話網によって**回線交換**システムとして実用化されている．この方式では，要求のあった 2 者間の通信経路が一定時間確保される．しかし，一定時間回線を占有するという考え方のみでは，世界中の膨大な数の計算機システム間で自由に情報をやり取りするネットワークを実現するのは困難である．

　実現すべき機能は，ビット列を，一つの計算機システムから別の計算機システムに送ることだけである．さらに，個々のユーザが通信のために必要とする通信回線は量的にも時間的にも限られたものである．そこで，CPU を細切れの時間単位でプロセスに割り当てることによって，多数のユーザで同時に使用できる強力な仮想的なコンピュータを実現したように，通信網全体を共有資源と考え，空いている回線を効率よく利用することによって，任意の 2 点間で任意の長さのビット列の送受信が可能な，仮想的な通信網を実現する戦略をとる．ネットワークシステムは，そのような仮想的な通信網を実現するプログラムである．このプログラムは，これまでに学んできた計算機システムの OS と違い，多数の計算機システム上に存在し，協力して目的とする仮想的な通信網を実現している．その基本となる考え方は以下の二つである．

(1) 送信データを，宛先が書かれた固定長（上限の定まった）の**パケット**（小包）として扱う．

(2) 各計算機システムのネットワークシステム管理プログラムは，届いたパケットの宛先をチェックし，自分宛てのパケットはユーザに渡し，それ以外のパケットは宛先により近い計算機システムに転送する．

この考え方に基づき，データの送受信と転送を行えば，原理的には，回線でつながっている計算機システム全体はネットワークを形成し，そのネットワーク

内の任意の二つの計算機システム間で情報の送受信が可能となる．現在のインターネットは，このような考え方に基づき実現されている．

最初の考え方を実現するためには，すべての計算機システムに宛先を割り当てる必要がある．この宛先は，**IP アドレス**と呼ばれるビットデータである．2番目の考え方を実現するためには，IP アドレスにより近い計算機システムを知る必要がある．このために，アドレスを木構造に階層化し，木の各ノードごとにパケットの転送に責任を持つ計算機システムを配置する戦略をとる．これは，我々が郵便で採用している考え方と同様である．郵便では，例えば，ある地区のポストに投函された手紙は，その宛先が地域内なら直接配達され，地域外への手紙なら，上位の集配局に集められ，そこから，別な地域の配達に責任を持つ集配局に転送される．各郵便局は，自分が責任を持つ宛先と，自分が属する木構造の上位の郵便局の宛先だけを知っていればよい．

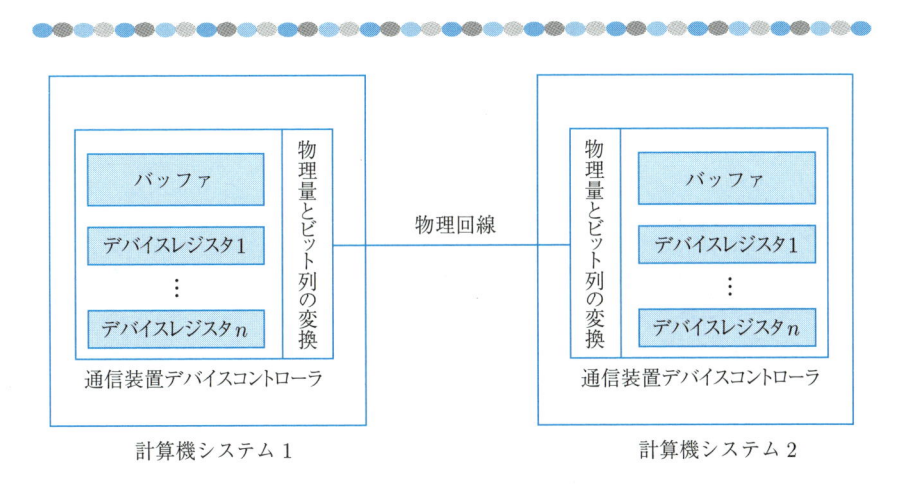

図 7.4　物理的な通信回線の実現

このような体系を実現するために，IP アドレスは，利用者の属する国や団体に従って階層的な構造を持ち，それぞれの IP アドレスには階層的な名前が付けられている．例えば，東北大学の属するすべての計算機システムの IP アドレスは，その上位ビットの値が決められており，それに

tohoku.ac.jp

という名前が割り当てられている．IP アドレスの残りのビットは，東北大学の各組織に応じて使い方が決められ，さらに個々の計算機システムの IP アドレスと名前が割り当てられている．例えば，著者の研究室の web サーバが稼動している計算機システムには

www.pllab.riec.tohoku.ac.jp

と名前が付けられ，130.34.206.179 の IP アドレスが割り当てられている．ネットワークシステムは，DNS サーバとよばれる計算機システム群が連携して，この名前と IP アドレスの対応表を分散して管理している．さらに，ネットワークシステムの参加者は，それぞれのパケットをどこに転送すべきかを表す**ルーティングテーブル**と呼ばれる表を持っている．ユーザは，自分の近くの DNS サーバに名前を問い合わせることによって，IP アドレスを知り，送信データをパケットにコード化することができる．このパケットは，ルーティングテーブルに書かれた転送情報に従って，目的の IP アドレスに近いコンピュータに次々に転送され，目的の計算機システムに届けられる．以上が，現在のインターネットのデータ送受信を支える **IP** (Internet Protocol) ネットワークの基本的な考え方である．

　IP ネットワークは，概念的にはごく単純な機能をネットワーク内に存在するコンピュータ全体で共同で実現することによって，ネットワーク上の任意の 2 点間でビットデータを送受信できる強力な仮想的なネットワークを実現している．このネットワークは，分散して管理され動的にパケットの転送経路を選ぶことができるため，故障に強くかつ高い効率を実現できる．

7.2.2 高機能なネットワークの実現

　ビット列を任意の 2 点間で送受信できるネットワークが実現できれば，その機能を使って，種々のより高度なネットワークや，さらに，種々のサービスを実現することができる．現在のインターネットは，この IP ネットワーク上に **TCP** (Transmission Control Protocol) と呼ばれるデータ通信方式を実行するプログラムによって実現された，高機能でグローバルな仮想的なネットワークである．

　IP ネットワークが実現するデータ転送は，単純ながら柔軟なシステムである．しかし，その性質から，専用の通信回線を用いたデータ電送に比べると，データの送受信にかかる時間も一定せず，途中の経路の障害によってパケットが失われるなどの可能性もあり，信頼性に問題がある．また，一度に送られるデータは，パケットの最大長で制限され，さらに，その送り先も一つの計算機システム全体に割り当てられた IP アドレスであり，その中の特定のプログラムを宛先とすることはできない．TCP を実現するプログラムは，このような IP ネットワーク上で，エラーの起こらない，任意の長さのデータの送受信が可能な仮想的なネットワークをユーザプログラムに提供している．

　TCP の基本となる考え方は，これまで本書でこれまで学んできた計算機システムの種々の機能の実現方法と同様，必要な情報をコード化し，コード化した情報をプログラムで処理することとである．エラーの起こらないネットワークを実現するためには，エラーの検出と，エラーを検出したとき再試行をする処理をプログラムすればよい．エラーの検出は，ディスクコントローラが ECC ビットをデータに付加したのと同様に，個々のパケットに**チェックサム**と呼ばれるエラーチェックビットを付加し，パケットを作成する際データからチェックサムを生成し，パケットを受け取ったときにデータとチェックサムとを比較すれば実現できる．エラーを検出したときの再試行を実現するためには，パケットの受信者がデータのエラーがないことをチェックした後，そのパケットの受け取りを示す**確認応答番号**を含む小さな確認パケットを送信することと約束し，データの送信者は，確認パケットを受け取るまで同一のパケットを再送し続ければよい．任意長のデータの送受信を実現するためには，データを複数のパケットに分割し，それぞれに**シーケンス番号**と呼ばれる通し番号を振り，受信側で通

し番号に従ってデータを組み立てればよい．また，ユーザプログラムに通信回線を提供するためには，ユーザプログラムを識別する**ポート番号**と呼ばれる番号を与え，その番号を持ったパケットを，その番号の処理を宣言したプログラムを実行しているプロセスに届ければよい．

　パケットのチェックサム，確認応答番号，シーケンス番号，ポート番号などの制御情報は，IPパケットのデータの一部を使って容易にコード化できる．TCPを実現するプログラムは，これら制御情報を表すデータをユーザのデータに付加したパケットを生成する．この付加されたデータを，TCPパケットのヘッダと呼ぶ．図7.5にヘッダの構造の例を示す．TCPプログラムは，送信データの一部にこれら制御情報を付加し，それらデータを使って，各プログラムに対して，エラーのない任意長のデータの送受信が行える高機能な仮想的なネットワークを実現している．これは，ファイルシステムが，ディスクのデータ領域の一部を，ディスクの構造を記述するために使用し，高度な装置を実現しているのと同様である．

　IPネットワークおよびTCPを実現するプログラムをまとめて**TCP/IP**と呼ぶ．現在のインターネットの基盤は，TCP/IPを実現するネットワークシステム管理プログラムによって実現されている柔軟で信頼性が高くグローバルな仮想的なネットワークである．送受信するデータにさらに制御情報をコード化し付加すれば，このネットワークを使って，種々の機能を持つ装置やサービスなどをネットワーク上に構築することができる．

　例えば，TCP/IP機能を使えば，外部のネットワークから，ディスク装置のアクセス要求を受け付けるプログラムを書くことができる．このプログラムに，ディスクのデバイスコントローラと同等の機能を持たせることは容易である．例えばデータの読出し要求に対しては，要求受付けのメッセージを送信した後，ディスク装置に対してデータ読出し要求を出し，読出しが完了したら，そのデータを要求者に送信すればよい．このプログラムを，特定のTCPポートから通信要求を受け取るプロセスとして起動しておけば，ネットワーク上のこのプロセスは，仮想的なディスクのデバイスコントローラの役割を果たすことができる．この仮想的な装置は，デバイスレジスタと割り込みを使って操作する代りに，TCP/IPを使って操作することを除けば，通常のディスクと同等の機能を果たす．したがって，このプロセスにTCP/IP機能を使ってアクセス要求を出

すプログラムを書き，それを新しい装置のデバイスドライバとしてシステムに登録すれば，ネットワーク上の他の計算機システムにあるディスクを自分の計算機システムに接続しているディスクと同一のインタフェースで使用できる仮想的なディスクが実現できる．

同様にして，ネットワーク経由で遠隔の計算機システムにログオンしプログラムを起動したりするサービスなどを提供することができる．インターネット上の種々のサービスは，これらの機能を組み合わせて実現されている．

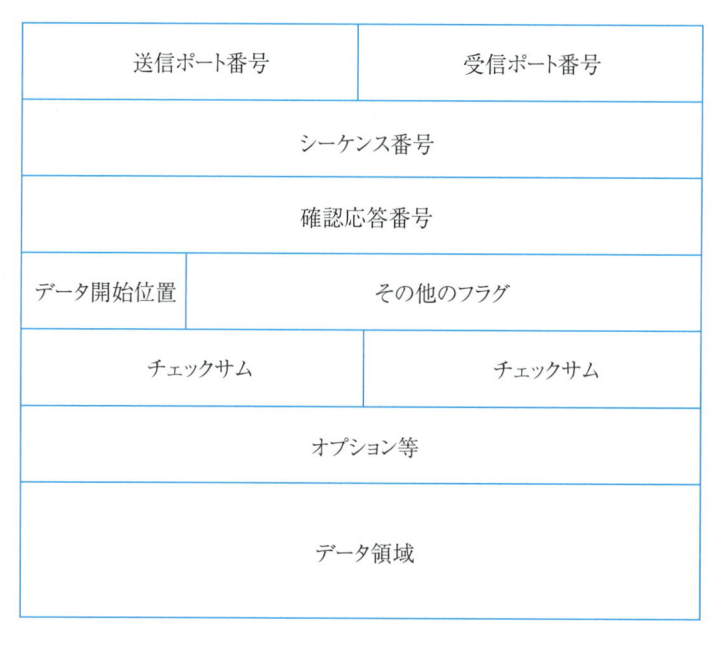

送信ポート番号	受信ポート番号
シーケンス番号	
確認応答番号	
データ開始位置	その他のフラグ
チェックサム	チェックサム
オプション等	
データ領域	

図 7.5　高機能なネットワーク実現のためのパケットヘッダ

7.3 おわりに

　最後に，これまでに学んできたことを振り返ってみよう．第 1 章から強調してきた通り，ディジタルコンピュータは，離散的な状態を持つ任意の機械を模倣できる．この原理と，エラーのない任意のデータを送受信できる仮想的なネットワークの機能と組み合わせれば，原理的には，ネットワーク上の任意のユーザに任意のサービスを提供するプログラムを書くことができる．その対象は，およそ人間が行う知的活動の対象すべてが含まれる．例えば，金融活動の大部分は，記号の処理であり，プログラム可能である．情報処理の結果を現実世界に適応したければ，第 5 章で学んだ構造に従い，種々の入出力装置を作り，そのデバイスコントローラとデバイスドライバを書けばよい．そうすることによって，例えば，情報を表示や入力はもとより，物を生産するための機械を動かしたり，無人の爆撃機を飛ばしたりすることができる．

　それらプログラムは，もちろん，その作成者の意図にしたがった動作を実現する．したがって，悪意ある作成者が種々の規範や公序良俗に反するようなプログラムを書くこともできる．また，より困難ではあろうが，それらプログラムの悪意を検出し動作を拒否するようなプログラムも書くことができるであろう．この事実は，それ自身，善悪の判断の対象ではありえない．これまで本書を学んできた読者は，それが，人間の知的活動の構造に基づきチューリングなどによって基礎付けられた情報処理の原理の当然の帰結であることを理解しているはずである．この事実を一般化して言えば，ディジタルコンピュータがネットワークやデバイスなどを組み合わせて実現しつつある情報化社会は，人間が言葉を使って知的活動を行う能力を持ったことの当然の帰結である．今後とも，我々の独創性と努力によって，いくらでも発展していく可能性を持つ．

　今日，情報処理システムの複雑さや素材の物理的性質などから，情報処理技術の限界や問題点が指摘されることがあるが，それらは，これまでに構築されてきた概念や抽象化手法の限界であって，情報の処理という考え方に基づき新しい構造や機能を産み出していく活動の限界ではない．人間の知的活動に限界が存在しないように，解決すべき問題に関する洞察と新しい構造や機能を作り出すアイデアや，それらを系統的に実現する抽象化の力によって，新たな計算

7.3 おわりに

機システムを作り出していく可能性に限界は存在しないと言える．そして当然，その功罪は，それら原理や技術によって作られた道具を利用する人間的社会的テーマである．

　本書を通じて情報のコード化と処理の枠組みを理解した読者が，従来コンピュータサイエンスと呼ばれたこの分野がより人間的な情報処理に向けて発展していくための研究や開発に興味を持たれることを期待し，本書のむすびとする．

参考文献

　本書を通じて，計算機システムに興味を持った読者のために，いくつかの参考文献を挙げておく．
　第 1 章で扱った算機システムの構造とソフトウェアの関係に関しては，以下の書物が初歩から高度な内容に至るまでカバーされていて参考になるであろう．
  (1) コンピュータの構造と設計，第 3 版．パターソン，ヘネシー，日経 BP 社，2006. (David A. Patterson & John L. Hennessy. Computer Organization and Design The Hardware/Software Interface, 3rd edition. Elsevier, 2005.)
  (2) 構造化コンピュータ構成　第 4 版　デジタルロジックからアセンブリ言語まで，タネンバウム，ピアソン・エデュケーション，2000. (Andrew A. Tanenbaum. Structured Computer Organization, 4th edition. 1999.)

　本書の第 2 章から第 6 章まで対象である OS に関しては，多くの良書が出版されている．ここでは，以下の二つを挙げておく．
  (3) モダンオペレーティングシステム，タネンバウム，ピアソン・エデュケーション，2004. (以下は，より最近の版の原書である．Modern operating systems, 3rd edition. Andrew A. Tanenbaum. Prentice Hall, 2008.)
  (4) オペレーティングシステムの概念，ピーターソン，シルバーシャッツ，培風館，1987. (以下は，より最近の版の原書である．Operating system concepts, 8th edition. Abraham Silberschatz, Peter Baer Galvin, Greg Gagne, Hoboken, N.J. John Wiley & Sons, 2009.)

　本書の第 7 章で概説したプログラミング言語とネットワークに関係に関しては，それぞれ独立した研究分野をなし，多数の良書が出版されている．プログラミング言語の原理に興味のある読者への入門書としては以下の拙著などが参考になるであろう．
  (5) コンピュータサイエンス入門　アルゴリズムとプログラミング言語，大堀，ガリグ，西村，岩波書店，1999.

　また，ネットワークシステムの基礎から高度な概念までをカバーする入門書としては，以下の本が参考になる．
  (6) シリーズ現代工学入門　ネットワークシステムの基礎，白鳥，岩波書店，2005.

　最後に，本書が中心に据え，第 1 章から本章に至るまで基本としたデジタルコンピュータによる情報処理の原理や考え方に興味を持ち，より深く理解しようという意欲ある読者のために，原論文を二つ紹介する．
  (7) Turing, A.M. On computable numbers, with an application to the Entscheidungsproblem. Proceedings of the London Mathematical Society, Ser. 2, Vol. 42, 1937.

(8) Turing, A.M. Computing machinery and intelligence. Mind, 59, 433-460, 1950.

論文 (7) が，本書の第 1 章で詳しく説明したデジタルコンピュータによる情報処理の原理を確立した論文である．この論文を読みこなすには，計算可能性に関するある程度の知識と習熟を要し，本書のレベルを越えるしもしれないが，興味のある読者はぜひチャレンジして頂きたい．論文 (8) は，これら結果をふまえ，デジタルコンピュータが，およそ人間が行う情報処理の問題なら解くことができる，という主張を一般向けに分かりやすく書いた解説論文と言えるものである．この文献は，本書を学んだ読者は十分に理解できると期待される．興味ある読者は，ぜひ読んでみることを勧める．なお，これら文献を含むチューリングの出版物のほとんどは，チューリングの母校でもあるキングス・カレッジや英国コンピュータ学会などが設立したインターネット上の The Turing Digital Archive (http://www.turingarchive.org/) で公開されている．

索　　引

あ　行

アクセス制御　167
アドレス　15
アドレス変換　104
アドレス変換例外　104
アルファベット　7
インターバルタイマ　43, 67
インタプリタ　175
確認応答番号　183

か　行

回線交換　180
仮想化　24
　　ハードウェアの―　35
　　物理アドレスの―　103
仮想記憶システム　114
仮想機械　176
仮想コンピュータ　24, 29, 35
危険領域 (critical region)　80
基本ソフトウェア　29
クロックアルゴリズム　127
計算　2
計算機　2
コード　7
コード化　7
コンテキスト　39
　　プロセス―　57
　　割り込み―　59
コンテキストスイッチ　40
　　プロセス―　59
コンパイラ　177
コンピュータアーキテクチャ　22

さ　行

参照ビット　128
シーケンス番号　183
磁気ディスク　145
　　RAID―　150
　　シリンダ―　146
　　セクタ―　146
　　トラック―　146
実行可能待ち行列　68
情報の隠蔽　94
スケジューリング　65
　　プリエンプト―　67
　　ラウンドロビン―　68
スタック　41
スラッシング　123
スレッド　73
スワッピング　130
セマフォ　86

た　行

タイムスライス　66, 67
チェックサム　183
抽象機械　176
抽象データ型　94
チューリング　3
チューリング機械　3
ディレクトリ　164
　　ルート―　164
デコード　13
ディジタルコンピュータ　1, 3
デッドロック　92
デバイスコントローラ　138
デバイスドライバ　140
デバイスレジスタ　138
デマンドページング　116
同期順序機械　20
特権命令　47

な　行

入出力制約　66
入出力装置
　　プログラム制御―　140
　　割り込み制御―　142
入出力装置（デバイス）　138

索　引

は　行

パーティション　156
排他制御　82
パケット（小包）　180
バッファリング　144
ビジーウェイト　86
ビット　8
非同期順序回路　19
フォンノイマン　22
フォンノイマンアーキテクチャ　24
プリエンプション　66
プログラミング言語　173
プログラム　5
プログラムカウンタ　23
プログラム状態語　47
プロセス　54
　CPU制約の—　66
　—スケジューリング　65
　入出力制約の—　66
　—の状態遷移　62
　—の優先度　66
　バッチ処理—　70
　リアルタイム—　70
プロセス管理ブロック　58
プロセススケジューラ　59
分岐命令　26
ページ　104
　—入れ替えアルゴリズム　122
　—の入れ替え　122
ページテーブル　104, 105
　—エントリ　106
　システム—　110
　プロセス—　110
　—レジスタ　110
ページフォルト　116
ページフレーム　106
ポインタ　15
ポート番号　184

ま　行

待ち行列　66, 67
命令　23
メモリ　15, 20, 99
メモリマップIO　139

モニタ　94

や　行

有効ビット　106

ら　行

ルーティングテーブル　182
例外　46
例外ハンドラ　46
レジスタ　23
ロック　82
　スピン—　86

わ　行

ワーキングセットモデル　125
割り込み　37
　—スタック　41, 60
　—ディスパッチャ　44
　—のマスク　40
　—ベクタ　40
　—マスクレジスタ　40
　—レベル　40
割り込みディスパッチャ　36

欧字

ASCII　8
CPU　22
CPU制約　66
DMA　142
ECC　147
ENIAC　28
FIFO　122, 127
FIFOキュー　68
IOポート　139
IP(Internet Protocol)　182
IPアドレス　181
Iノード　161
LRU　123, 127
MBR (Master Boot Record)　156
OS　29
PCB　58
RAID　150
TCP　183
TCP/IP　184
TLB　108

著者略歴

大堀　淳
（おおほり　あつし）

1981 年　東京大学文学部哲学科卒業
1981 年　沖電気工業株式会社勤務
1989 年　ペンシルバニア大学大学院計算機・情報科学科
　　　　 博士課程修了 Ph. D.
1989 年　英国王立協会特別研究員（グラスゴー大学）
1990 年　沖電気工業株式会社関西総合研究所特別研究室室長
1993 年　京都大学数理解析研究所助教授
2000 年　北陸先端科学技術大学院大学情報科学研究科教授
2005 年　東北大学電気通信研究所教授

主要著書
情報数学シリーズ 9 プログラミング言語の基礎理論，共立出版
プログラミング言語 Standard ML 入門，共立出版

ライブラリ情報学コア・テキスト＝5
計算機システム概論
──基礎から学ぶコンピュータの原理と OS の構造──

2010 年 4 月 10 日　ⓒ　　　　　初　版　発　行

著　者　大堀　淳　　　　発行者　木下敏孝
　　　　　　　　　　　　印刷者　中澤　眞
　　　　　　　　　　　　製本者　小高祥弘

発行所　　株式会社　サイエンス社

〒151-0051　東京都渋谷区千駄ヶ谷 1 丁目 3 番 25 号
営業　☎ (03) 5474-8500（代）　　振替 00170-7-2387
編集　☎ (03) 5474-8600（代）
FAX　☎ (03) 5474-8900

組版　ビーカム
印刷　(株)シナノ　製本　小高製本工業(株)

《検印省略》

本書の内容を無断で複写複製することは，著作者および
出版者の権利を侵害することがありますので，その場合
にはあらかじめ小社あて許諾をお求め下さい．

ISBN978-4-7819-1250-9
PRINTED IN JAPAN

サイエンス社のホームページのご案内
http://www.saiensu.co.jp
ご意見・ご要望は
rikei@saiensu.co.jp　まで